相较于产量更关乎价值，

相较于金钱更关乎精神，

相较于世俗更关乎灵魂，

这，才是精酿啤酒。

图书在版编目（CIP）数据

从此开始喝精酿 / (英) 尤安·弗格森著；吕文静，
薛赫然译 . -- 北京：中信出版社 , 2017.7
　书名原文：Craft Brew
　ISBN 978-7-5086-7572-5

　Ⅰ . ①从…　Ⅱ . ①尤…②吕…③薛…　Ⅲ . ①啤酒酿
造 - 基本知识　Ⅳ . ① TS262.5

　中国版本图书馆 CIP 数据核字 (2017) 第 101601 号

Creatively Independent

从此开始喝精酿

著　　者：[英]尤安·弗格森
译　　者：吕文静　薛赫然
策划推广：北京地理全景知识产权管理有限责任公司
出版发行：中信出版集团股份有限公司
　　　　　（北京市朝阳区惠新东街甲 4 号富盛大厦 2 座　邮编 100029 ）
承 印 者：北京华联印刷有限公司
制　　版：北京美光设计制版有限公司

开　　本：700mm×900mm　1/12　　印　张：15　　字　数：268 千字
版　　次：2017 年 7 月第 1 版　　印　次：2017 年 7 月第 1 次印刷
京权图字：01-2017-3853　　　　　广告经营许可证：京朝工商广字第 8087 号
书　　号：ISBN 978-7-5086-7572-5
定　　价：68.00 元

从此开始
喝精酿
Craft Brew

[英]尤安·弗格森 著　吕文静 薛赫然 译

中信出版集团 · 北京

目录
Contents

Introduction

|

简介

———

为什么要自己酿啤酒呢？

毕竟到处都是酒吧，

啤酒超市的货架上也堆满了各种世涛、淡色艾尔和拉格。

自己做得再好难道能媲美人家专业的吗？

答案是可能会，可能不会，但这都不重要。

重要的是自己酿啤酒极具趣味性和创造性，

让人很有成就感。

早在公元前 9000 年，人类就已经知道粮食在发酵后仍可食用的特点，也因此成就了世界上最流行的酒精饮料。关于啤酒的"复兴"或"革命"，有很多让人热血沸腾的说法，这可能会有点奇怪——毕竟啤酒在历史上从未消失过。但其实改变的是我们对啤酒的看法：如啤酒的功能、口味、强度、潜力，甚至啤酒的社会地位。而我们接下来讨论的核心是：精酿啤酒。

▌什么是精酿啤酒？

"精酿"，这个词真的有什么实际的意思吗？有人说，精酿啤酒就是小产量。相比百威这样的大品牌，这种说法可能说得通，但像拉古尼塔斯（Lagunitas）这样的精酿品牌，2014 年时在加利福尼亚州的生产量就达到了 60 万桶。所以，上述说法并非绝对。

也有一些人认为精酿啤酒厂都是独立的啤酒厂。总体而言这种说法是对的：精酿啤酒爱好者们会告诉你没有被巨额投资过的啤酒喝起来格外甘甜。还有人声称精酿啤酒有着令人耳目一新的风味和能让人宿醉不醒的酒精度，并且酒里还会添加一些与啤酒完全搭不上边的原料（如药草、葡萄柚或零陵香豆）。但大理石酿造厂（Marble Brewery）的曼彻斯特苦啤（Manchester Bitter，详见 169 页）则是一种具有古老风格的现代演绎版啤酒，入口若春风化雨，绵软悠长，而非寻常意义上的浓烈刺激如重锤猛敲。这样看来，啤酒已变得越来越难以界定。所以还是让我们做出定义吧——精酿啤酒相较于产量更关乎价值，相较于金钱更关乎精神，相较于世俗更关乎灵魂。如果这听起来像是你喜欢的，那精酿啤酒就是你的菜。

这本书不仅会帮你成为一名精酿啤酒专业饮家，还能教你成为一名精酿啤酒酿造师。家酿啤酒是精酿啤酒革命史上不可分割的一部分——大多数商业化的精酿啤酒品牌都是从家酿开始的，而它们之所以能发展的前提是配制的成品能受到人们的喜爱。

世界上最好的酿酒厂

这本书中所有的啤酒配方都来自世界上最让人津津乐道、极具创造性、能勇往直前且原则坚定的酿酒厂。想象一下，比起制作那些平淡无奇的老版啤酒来，尝试酿造米奇乐（Mikkeller）的奶油艾尔（cream ale）或巨型酿造公司（Gigantic Brewing）的怒大个儿帝国IPA（Ginormous imperial IPA，IPA即印度淡色艾尔）更能吸引人。刚开始酿酒的时候可以从一些简单的啤酒入手，等对技术流程有了充分了解，对设备有了充分认知后，你就可以尝试一些进阶配方了。等你有足够的信心之后，就可以利用这些配方，充分发挥自己的想象力和创造力，酿造独特的啤酒。比如在不同酿造阶段添加更多或更少或不同种类的酒花，尝试使用烘烤过的麦芽、黑麦或燕麦，加入各种增味原料如水果、药草、香料、茶叶、巧克力、香草、咖啡……世界无限宽广，只有想不到，没有做不到。

原料包，浓缩制剂和纯粮酿造

任何人都可以购买全套的啤酒酿制原料套装，打开混合了麦芽和啤酒花的浓缩制剂，与水一起倒入桶里，稍微饧一下，就可以倒出来喝了。好吧，差不多就是这么一回事，这也可以算是一种自制啤酒吧。虽然我们会买微波炉来加热食物或者直接购买平板家具，但其实生活不用一直这样凑合了事。用这种浓缩原料包，你确实可以搞出个东西，喝起来像啤酒它四舅姥爷的外甥的干妈的侄女婿（这关系可真够远的）——肯定能喝，但就无法体验从头开始酿制啤酒的乐趣了。原料包的进阶产品是用干麦芽浓缩制剂代替可发酵的谷物：在糖化阶段使用可溶解粉状物或糖浆代替麦芽。这样可以酿制出稍微靠谱点儿的啤酒，许多人都是用这种方式开始学习自己酿制啤酒的。当然了，这种方式相对简单，但可能会让你有种失落的感觉，因为无法经历在酿酒时通常会遇到的失败和挫折，甚至是成功的喜悦。本书推荐从一开始就用麦芽来酿制啤酒，你能够从自己的遗漏和失误中总结经验。所以，本书提供的所有配方都是纯粮酿造——使用真正的麦芽和啤酒花。虽然要做的工作很多，但都是值得的。

家庭精酿啤酒和普通家酿有什么区别呢？理论上来讲，可能没什么区别，但从原

则上来说，还是很不同的。就我们所知，家酿啤酒在当今并不是一项有历史延续性的传承（至少不是合法的营生）。比如英国，在1963年以前要有执照才可以在家酿酒；而在美国，1978年以前如果家酿的啤酒酒精度高于0.5%就属于违法操作。20世纪90年代早期，家酿"前辈们"都是为了经济利益而非创意才酿酒的，他们酿制的啤酒大都犹如无法下咽的泥汤儿，因而当时的家酿啤酒简直是臭名昭著（在相当长的时间里，家酿啤酒都在努力摆脱这一恶名）。新一代的家酿者是在五花八门的原材料和触手可及的啤酒堆中汲取灵感的。

所以现在本地的啤酒超市或酒吧会贩卖几千千米外的啤酒（当然也希望有当地的鲜酿啤酒）。海狸屯（Beavertown Brewery）的雾霾火箭波特（Smog Rocket porter）在伦敦北边酿制，在北美地区随处可得。新西兰人可以在一觉醒来后就喝到米奇乐大名鼎鼎的怪异早餐燕麦世涛（Beer Geek Breakfast oatmeal stout）。而在地球的另一端，丹麦的米奇乐网店正在售卖新西兰颇负盛名的8号铁丝（8-Wired）。家酿用品商店也出售来自世界各地的啤酒花，从经典的英国品种法格（Fuggle）和布拉姆林十字（Bramling Cross）到澳大利亚的热带银河（tropical Galaxy），应有尽有。还可以购买各种颜色的麦芽——从久经试炼的大麦到斯佩尔特小麦、荞麦和黑麦。如果你常喝精酿啤酒，那你应该很清楚塞松（农场啤酒）、小麦啤酒、樱桃酸啤酒或帝国世涛尝起来是什么味道。你完全可以根据自己喜欢的口味来酿制啤酒！

从简单开始，然后再创新

在你开始自己的家酿之旅之前，记住：配方只是起点。本书中提到的配方均来自精酿啤酒厂，是根据它们自己的生产过程进行调制和改良的。它们所使用的设备和制作方式与你的可能会非常不同。你要把自己的第一桶酒当作实验，做好实验笔记。而且原材料与设备同样重要。此外，精准计量、完成目标、勇于尝试、持续练习、平衡数值和保持稳定性也是很重要的。

Equipment

|

设备

很多好的啤酒都是在东拼西凑的设备上一批接一批酿制的。
在你敢站出来说自己是家酿专家之前，
别整全套的不锈钢家伙什儿回家，
那样太占地儿。

必备清单

从制作的核心上来讲，制作啤酒的过程非常简单，但还是需要投入一些时间和金钱才能做好的。

使用的工具对最终的成品有重要影响，其重要性甚至超过酿酒的配方。随着酿造水平的提升，你要了解自己的设备：运行如何，能达到什么效果，你需要对设备进行什么样的调整才能达到目标。充分理解相关的酿制过程，能够让你打好坚实的基础。本章中提到的细节可以视作家庭精酿啤酒的最低要求，同时也提到了一些小件的工具。如果你要动真格的话，可以考虑投资一下。

家酿啤酒设备的发展经历了创新、发明、照搬、调试、改装和设计的过程。设备中很多小零件都可以根据使用情况，自行用家庭日常零件进行改装。在你随意花钱之前，可以思考一下有没有合作的可能性：一些经营中的酿酒厂，比如芝加哥的混沌精酿俱乐部（Chaos Brew Club）和伦敦的 Ubrew（where you brew the beer，意为"酿造啤酒的地方"）都有顶级的酿造设备供会员使用，店里也出售酿造原料，并分享酿造知识。如果觉得这样太"正式"，也可以约几个人一起找个空闲的场地，组装一套酿造设备。这样每个人的成本就会低很多，干活的时候也会有更多帮手（当然这样也会有更多人和你"抢食"）。酿造啤酒的过程就像喝啤酒一样，独乐乐不如众乐乐。

| 01 热水罐

酿造啤酒的话，你需要将水加热到非常精准的温度（水加热后行话叫"酒"）。一个可以在炉子上加热的大锅可以作为入门级的选择。锅的容量要足够大，能容纳酿造时所需的总水量（详见 49 页"糖化"），这样可以避免在糖化和洗糟时还要再次加热；而且如果你想在开始之前先调节水质（详见 24 页），这样也更方便。定制一个热水罐可以提高准确性，有利于酿造过程中需要反复进行的液体倒换操作；如果设有水阀，就能使液体倒换更安全。在更高级的设备中都装配有容量表和内置温度计。

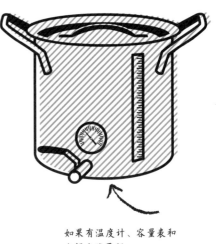

如果有温度计、容量表和
水阀当然更好

02 糖化桶

糖化桶可以用带盖的绝缘塑料冷却桶，这样既便宜又简便，再在桶下方接上排水阀和过滤嘴即可。你可以在商店里买些基础零件，上网查一下视频，就可以自己组装一套——当然你也可以直接买一套现成的设备。塑料桶的进阶版就是不锈钢桶。当然桶的尺寸也很重要。糖化桶要足够大，能够放入所有的麦芽和水；但如果太大的话，麦糟床可能摊得太大、太浅，影响过滤的效果。对于本书提到的大部分配方而言，容量30升刚刚好（但是对于高酒精度的配方而言，大一点的糖化桶会更方便）。还必须有将酒糟和麦汁分离的过滤器。过滤器有很多种，家酿者可以选择自己喜欢的类型：

活底： 在糖化桶底部放置一个网状的活底（过筛板），下方设置一个排水阀。活底可以留住酒糟，并让麦汁流出去，起到过滤的作用。可以说这是最有效的家酿工具。

多歧管： 种黄铜或塑料的装置。铺放在糖化桶的底部，上面有小孔，麦汁会在重力作用下通过小孔。这种方法虽然也可行，但清洗起来特别麻烦。

蛇皮管： 一种不锈钢丝软管，和多歧管的工作原理类似。

长筒过滤阀： 通常用在煮沸桶里，但有些酿酒师认为在糖化桶里使用也可以。这是一种简单的金属过滤罐，直接装在排水阀上，但有人说这种设备对出糖率有影响。

过滤袋： 一些酿酒师会把麦芽放在尼龙袋中，糖化之后可以直接将酒糟从桶里取出来。

活底和排水阀的内视图

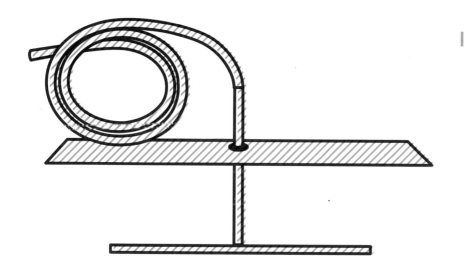

03 旋转洗糟喷淋臂

这个简单的装置在洗糟步骤中非常实用。只要将其放在糖化桶顶上，当水通过的时候会旋转，这样细水流既能冲洗麦芽，又不会搅浑麦芽床。制作起来也非常简单，只要在一张足够大、能覆盖酒糟表面的铝箔上钻些孔即可。完工后就可以用量杯将洗糟水慢慢地倒入。

04 煮沸桶

为了从啤酒花中提取苦味，需要将麦芽煮沸。家用火炉的火力通常不足以完成整个过程，所以煮沸桶基本是靠电加热或在煤气炉上加热。煮沸桶需要足够大，能够盛下整桶酒并且不会过度煮沸——从安全角度出发，制作 20 升的啤酒，需要一个容量为 30 升的煮沸桶。煮沸桶的形状也很重要：如果直径太大，挥发率会过高，从而浪费很多麦汁。推荐直径和深度的比例为 1：2。

05 过滤器

干啤酒花是非常漂亮的，香且薄；煮过的啤酒花就是一团糨糊，不能直接放进发酵罐里。所以糖化桶、煮沸桶都需要装置过滤器，将啤酒花或其他原料从煮沸后的麦汁中分离出来。有很多选择，如活底、火箭炮过滤阀或过滤袋都行（但是有人说将啤酒花装入过滤袋中不利于在煮沸阶段酒花油和酸类物质的萃取）。

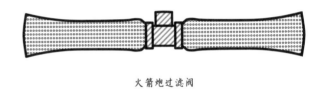

火箭炮过滤阀

06 麦汁冷却管

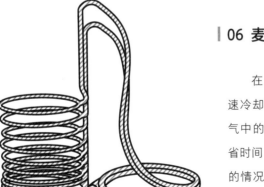

在完成煮沸阶段后，通常需要迅速冷却麦汁，以便减少麦汁暴露在空气中的时间、降低污染概率，还能节省时间，但"酒花驻留"或"回旋干投"的情况下例外，就是当麦汁完成煮沸后加入啤酒花，需要静置一会儿。浸入式冷却管是一根盘管，一头接入冷水，另一头排出；在煮沸结束前 15 分钟将冷却管浸入麦汁中消毒，然后接入冷水，以便将热量带出。这种工具制作起来相对简单，可以用黄铜管或塑料软管制作。

商店里卖的盘装或逆流冷却管可以更高效，但也更贵。

07 密封发酵桶、玻璃罐或金属罐

好桶出好酒。发酵桶可以是塑料的、玻璃的（小口大肚的大玻璃瓶或坛子）或不锈钢的。塑料发酵桶最便宜、最轻便，且能避光，但相对而言容易被划花；玻璃发酵罐能够让酿酒师清楚地观察发酵进度，但装满酒之后又笨重又容易被打破；不锈钢发酵罐能够防止啤酒接触阳光，但还是那句话，价格也是最贵的。

准备两套这样的容器就可以进行二次发酵了（详见43页）。这种装备需要有盖子、空气阀或放气管，并且要有足够的容量以确保能够盛下麦汁和产生的泡盖（别紧张，这不是什么毒副产品，只是发酵时在啤酒上方形成的一层泡沫）。发酵桶底部配有水阀会更便于操作。

08 单向气阀

这是装在发酵桶顶部的一个气囊装备，里面灌上水，能够防止外面的空气进入发酵桶，也能排出桶内酒体发酵时产生的二氧化碳：这样我们就可以知道是否正在发酵。普通的单向气阀有个盖子，作用差不多，或者有一个灌开菌水的出气管。

09 虹吸管提压器

啤酒的制作过程中涉及液体的转移。虹吸管提压器与一根虹吸管相连，底部有一个沉淀物捕集器，作用是将液体从发酵桶转移到钢瓶或酒瓶，同时能过滤掉固体残渣。如果发酵桶底部没有水阀，那这个装备是必需的。当然，不锈钢材质的比塑料的贵很多，但专业性没有太大的区别。

10 自动截流装瓶器

这是一根普通的小管子组合装置，能让酿酒的最后一步变得更有意思。等压灌瓶器能够让你一次灌上好几瓶。

11 压盖器、酒瓶和瓶盖（或高仕款摇摆盖式酒瓶）

无论什么啤酒，进肚之前都得有个地方保存。灌瓶是常见的选择：需要瓶盖和压盖器。要选用棕色的玻璃瓶，避免啤酒被"曝光"——自然光照射后，啤酒花中的酸类会降解，产生让人不愉悦的气味。

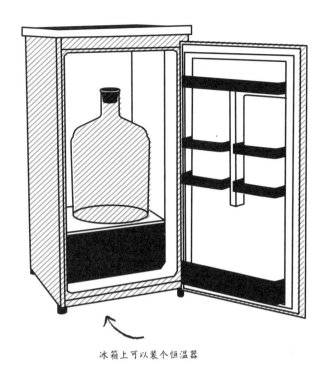

冰箱上可以装个恒温器

12 保温箱 / 酿酒冰箱

　　只有在最精准的温度下才能进行最佳的发酵（艾尔啤酒的适宜温度是 18～20℃，拉格啤酒的温度会低一些），并且要长时间保持稳定的温度。温度太高，酵母会过度"亢奋"甚至死掉；温度太低，酵母会休眠完全不"工作"。根据环境条件不同，麦汁可能需要通过加热或降温才能达到适宜的温度。加热相对容易些——如果你在比较寒冷的地方发酵，一块加热板就能解决温度的问题。冷却就比较麻烦了，特别是对于拉格啤酒来说（详见 108 页），所以拉格啤酒的酿造工艺更为先进。没有比炎炎夏日里来一杯冰凉爽口的皮尔森更惬意的事情了。有些人会用冰箱来控制温度。更原始的方法是把发酵桶放入更大的冷水浴盆中，如果需要的话还可以在盆里放入冰块：就像在大海中一样，如果容量足够大，水足够多，受周围温度的影响就小。无论选择什么方式来控温，都要经常查看一下。

13 长柄勺

不锈钢质地的最适合搅拌。

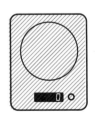

14 电子秤

　　家酿时必须精准到克或盎司。电子秤是最方便的。

15 温度计

　　有的温度计可以夹在桶壁上，有的可以浮在液体表面；有的是电子的，有的是水银的。温度计越精准，就越能更好地根据配方把控酿造过程。温度是超级超级重要的！

16 量杯

对于麦汁的再循环，取样和转移都是很有必要的。

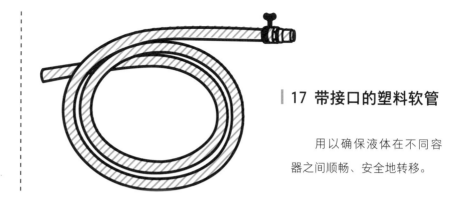

17 带接口的塑料软管

用以确保液体在不同容器之间顺畅、安全地转移。

18 pH 试纸和电子测试器

水的 pH 值会对啤酒产生影响（详见 24 页）。化学课上用的 pH 试纸很便宜，但个万便获取数值。电子测试器更精确，而且也不算贵。对于刚刚开始家酿的爱好者来说，这两种装备都不是必需的，但如果你想更上一层楼，还是要把酿造用水的水质考虑进去的。

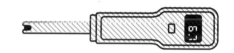

19 比重计或折射计

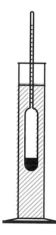

比重计或折射计有一个就行，这两种装备是在酿造的不同阶段用来测量比重（密度）的（详见 48 页）。这些数值能够用来计算酒精度和出糖率。纯净水在 20 ℃ 时的比重为 1；麦汁由于有溶解糖，所以比重比水大。

麦汁中的糖在酿造过程中会转化为酒精和二氧化碳，所以密度会降低。如果使用折射计，通过在棱镜表面滴几滴麦汁，就可以计算出读数。相对来说折射计更精确，并且对温度没有要求。

左图是一种最简单的比重计，是一个加重、带刻度的玻璃管，看上去有点像温度计。将麦汁倒入容器后，比重计就会浮在表面。使用比重计（或

者更应该叫作糖度计，因为其实是根据含糖量来进行测量的）时，首先将取样麦汁倒入已消毒的试瓶中，通过浸泡在冷水中或轻轻摇晃的方式冷却至 20 ℃ ——温度对密度会产生影响（或者用温度换算表进行换算）。慢慢地将比重计放入麦汁中，稍微转一转，去掉气泡。当比重计稳定地停住时，双眼水平面对比重计，读取凹液面的读数。

专业型精酿设备

先进的设备能让你的啤酒更出味。

01 啤酒花浸泡萃取槽

如果特别青睐啤酒花，想让自己的精酿啤酒散发出浓浓的让人欲罢不能的啤酒花香，可以考虑置办一套啤酒花浸泡萃取槽。这是一种密封的容器，可以放置在煮沸桶和发酵桶之间，里面可以填入整棵啤酒花或啤酒花颗粒。这种工具能够使啤酒花香充分融入酒体中，并且不会因为煮沸而使酒花油流失。这套设备完全可以自己动手做——因为它真的不复杂。

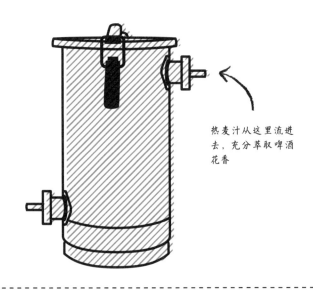

热麦汁从这里流进去，充分萃取啤酒花香

02 木桶

很可能你最近曾喝过一款过桶啤酒。随着酿酒师们不断开辟新的酿造方式，用木桶来熟成艾尔的方法正变得越来越热门，如使用曾经酿过红酒、威士忌、雪莉酒、波本甚至龙舌兰的木桶。如果有地方放置一套酿酒设备，那再放一个小木桶应该也不困难。木桶有各种尺寸，而且可以反复使用，不同风格的啤酒都可以过桶。有时，在二次发酵的时候加入木桶的碎块儿也是一种办法。

总体上来说，高酒精度、口味浓郁的深色啤酒比清爽鲜香的啤酒更适合进行过桶处理。当然了，只要你乐意，将白啤过红酒桶也没人拦着。

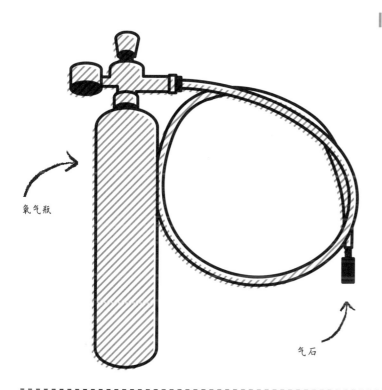

氧气瓶

气石

03 气瓶

　　在酿酒的后期，啤酒中最好不要有氧气。但也有一个特例：把啤酒从煮沸桶转移到发酵罐的时候，酵母需要氧气才能呼吸。摇一摇、晃一晃或搅一搅都是很方便的方法。将鱼缸里用到的气石配合电子泵使用，也是一种简陋而有效的方法。气石，就是给鱼缸"吹气"的多孔的石头，材质有陶瓷的、不锈钢的，用软管连接到气泵上。如果用氧气瓶的话就不需要气泵了。

04 钢罐、阀门和二氧化碳

　　将钢罐和阀门组合在一起，几乎是能在家里制作的最接近酒吧扎啤机的装备。如果在墙上挂上飞镖盘，再来一杯酒，你就可以开个派对了。钢罐的优点是：即使开了罐，也能确保罐了里啤酒的新鲜度；比起一箱一箱的玻璃酒瓶，这"大家伙"清理和消毒起来都省事儿多了，而且还能往里打气（用气瓶直接将二氧化碳打入啤酒当中，不用等待酵母在瓶中慢慢发酵，产生气体。很多精酿啤酒都采用这种办法）。现在常用的"Keykeg"是一种塑料材质的桶中袋装置，酿酒师可以把啤酒装罐，然后用一种自行车式手动气泵就可以把酒打出来了。

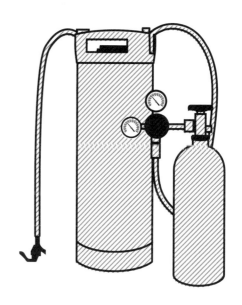

Ingredients

|

原料

————

如同酿酒设备一样，

酿制啤酒所需要的原料也可以简化为 4 种：

水、麦芽、啤酒花和酵母。

"太极生两仪，两仪生四象"，

这 4 种原料"生"啤酒——

每种原料都各有形态，

但它们组合在一起，

就构成了啤酒的基础。

01 水

水看起来好像是最没技术含量的原料，但即使是最简单的水，在进行酿造之前，也是要纳入考量的。啤酒中最主要的成分就是水。通常来说，一个地区水质中的矿物质含量和酸碱度决定了当地会出产什么类型的啤酒（伦敦的水中碳酸盐含量高，因此主要生产波特和世涛；而德国一些地区的柔软水质能酿出理想的拉格）。

可以在水中添加一些溶液或药片来调节水的酸碱度和硬度。但即使得到了化学专业的本科学位，恐怕也无法真正搞懂各种化学物质和矿物质对原料的影响。除非当地的水中富含某种化学物质或者想酿造某款特殊类型的啤酒，否则刚开始酿酒时，用自来水是没什么问题的。如果想要严谨些，可以找自来水公司要一份水质分析报告，研究水中的物质构成，然后就可以根据每次想要酿制的啤酒来调节水质。

02 麦芽

在酿造的水中首先要加入的是麦芽和其他谷物（主要是指碾碎了用来酿酒的谷物）。"麦芽"是个统称，指的是所有"芽化"的谷物——谷物经浸泡在水中发芽后，在空气中加热以停止发芽过程。烘干有不同的程度（甚至有重度烘烤）。发芽能够使谷物本身的淀粉在酿酒过程中转化为糖。

很多谷物都能芽化并用来酿酒，如小米、荞麦，甚至斯佩尔特小麦，但是最常用的主要是大麦、小麦和燕麦。在水中浸泡发芽之后的烘干加热过程会使麦芽具有不同的特质，比如淡色麦芽是酿制多种啤酒的基础麦芽，也不会给酒体本身带来什么颜色；"巧克力"麦芽会使啤酒变得很苦，而且酒液的颜色也会变得比较深（烤大麦不是麦芽，但经常被用于酿制世涛和波特）。

麦芽有三种颜色分类体系：罗维朋比色法（可测10～300罗维朋单位色度的麦芽），还有比较新的ERM（欧洲参照法）和EBC（欧洲啤酒酿造协会）。

麦芽需要碾碎后才能使用（大概每粒被碾成3份）。家酿啤酒师们通常会使用碾磨机自己碾碎麦芽。如果买已磨好的麦芽，最好马上使用。因为麦芽一旦破裂，很快就会失去效力。

淀粉的分子链很复杂。发芽过程中，蛋白酶能够将淀粉的长分子链断开，转化成短分子链，这样就可以被酵母分解了——低温糖化有利于增强 β-淀粉酶的活性，从而使产出的啤酒具有更高的酒精度，酒体较单薄；高温糖化有利于增强 α-淀粉酶的活性，从而使啤酒酒精度较低，酒体较饱满。α-淀粉酶和 β-淀粉酶相互平衡是最佳的酿酒状态。

03 啤酒花

当麦芽达到完美状态时，啤酒花是形成啤酒风味的另一重要因素。酿酒师通常会使用干燥的啤酒花，啤酒花同时还具有医药价值和杀菌效果。根据种类的不同，啤酒花还能给啤酒带来多种风味，从细致温和的回味，到扑面而来的花香，以及热带风情的浓香。

在煮沸之初添加的啤酒花会增加酒体中的苦味（译者注：也就是大家常说的"苦花"）；在煮沸时添加的啤酒花会为啤酒提供浓郁的风味（译者注：也就是大家常说的"口香花"）；在煮沸结束时添加的啤酒花会给啤酒中带来芳香（译者注：也就是大家常说的"闻香花"）。美式IPA的味道使得房间里仿佛堆满了新鲜水果和鲜花——它们在煮沸后期肯定没少放"闻香花"。有些啤酒花适用来增加苦度，有些适合用来增加芳香，但大部分啤酒花是能二者兼顾的。

啤酒花的包装上会列出它的 α 酸度（阿尔法酸，AA），这个指数会因种植和年份而有所差异。为了确保产品的稳定性，酿酒师要把这个因素考虑进去。α 酸度还能成为啤酒苦度的参照。比如，美国奇努克（Chinook）的 α 酸度相对较高，在 12% 左右；新西兰瓦依提（Wai-lti）的 α 酸度就只有 4% 左右，但闻起来好像夏日的柑橘果园。本书中罗列的一些配方中配有酿酒师推荐的 α 酸含量值——如果力求精准，是需要把这个数值考虑在内的。

04 酵母

酵母是"点石成金"的一系列反应中最后一个元素。啤酒，因它而生。在煮沸的麦汁中添加啤酒花，冷却之后加入酵母。这时候酵母会狼吞虎咽地把麦汁中的糖吃掉，转化成酒精和二氧化碳。如果没有酵母，啤酒就是枯燥乏味、毫无生机的黄汤儿，世界也会因此而暗淡许多。酿酒时使用的酵母大部分都属于酿酒酵母，但是也存在其他类型，包括很难把控的酒香酵母属（详见 53 页）。酵母分为上层发酵和下层发酵：上层发酵更为普遍，多用于酿制艾尔类啤酒；下层发酵所需的温度较低，主要用于酿制拉格、皮尔森之类。

商业培养的酵母多种多样，有的增加了独特的风味，以应对不同风格啤酒的特征。比如塞松酵母，会在啤酒中留下香料味和芳香味。一些酵母被描述为"干净发酵"：它们不会带来什么风味，但是能够高效安静地完成发酵过程。酿酒厂经常使用自制菌株，是从已经酿造完的啤酒中收集的酵母——这种操作在家里也可以进行，属于稍微有点技术含量的工作，能确保长期拥有健康强壮的酵母。

我们也可以购买干酵母（直接从袋子倒入麦汁）或者液体酵母（这种酵母可能需要和干麦芽浓缩剂、水或麦汁混合，先单独发酵一下，成为"起子"。详见 40 页）。干酵母更方便，也更容易操作，推荐给初学者使用，但菌株类型比较少。韦思特（Wyeast，一家提供优质液体酵母的公司）售卖的"风味套装"（Smack Packs）是通过拍打就能激活的液体酵母和酵母营养剂组合套装，可以自成"起子"；怀特实验室（White Labs）销售各种小瓶装的液体酵母，晃一晃就可以使用了。

不同的酵母具有不同的特性参考值：衰减量，其实就是发酵度，即糖转化为酒精和二氧化碳的比例；絮凝量，就是在发酵后期酵母凝结成固体的量；最适宜的温度范围；酒精耐受度——当酒精含量达到某个值后酵母就停止"工作"。每种酵母都会有这些参量。

05 其他原料

"辅料"主要指在糖化过程中加入的非麦芽类粮食作物——玉米、燕麦、大米等。这些原料不参加糖化反应，但有其他作用：它们可能会提高泡沫的持久度，改善口感。"辅料"这个词也可能代表糖，如玉米葡萄糖或比利时焦糖——在酿造的不同阶段加入以提高发酵效率或酒精度。

糖也会在灌瓶或装罐之前被加到啤酒"原液"中——这样成品中会产生二氧化碳。清爽型的啤酒如拉格、琥珀和小麦，与浓郁、醇厚型的波特或苦啤相比，需要添加更多的糖。

啤酒可以搭配各种各样的原料。意式浓缩咖啡世涛、覆盆子小麦啤酒、柠檬草塞松、柑橘IPA、海盐波特……这些组合都很常见。但也有较为奇葩的组合，如罗格有一款添加了培根和枫糖浆的巫毒甜甜圈啤酒（Voodoo Doughnut）；两只小鸟酿造厂（Two Birds Brewing）推出的混合了玉米、芫荽和青柠的墨西哥玉米饼啤酒（Taco Beer）；还有印第安纳州的太阳王酒厂（Sun King Brewing）用爆米花制作的皮尔森。其实对于啤酒怎么酿才能喝，并没有规则——家酿给了你一个脑洞大开、掀翻酒馆酒水单的机会。

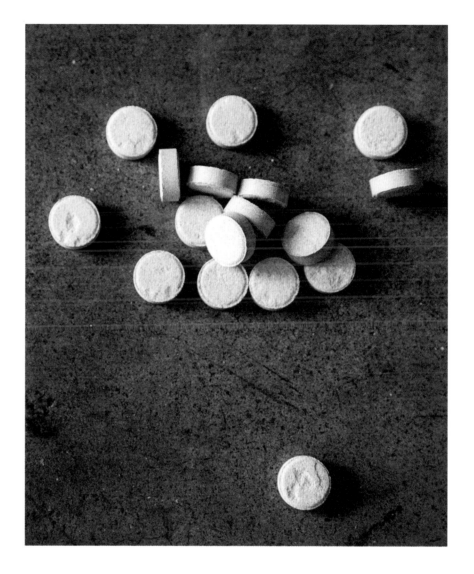

但很多啤酒之所以受欢迎则得益于过滤剂（澄清剂）。一些风格的啤酒酒液清澄，无论从视觉上还是口味上都更受酿酒者的喜爱。有3个因素会造成酒液浑浊：蛋白质（来自深色的粮食作物，芽化或没有芽化的）、单宁（糖化时产生的副产品）和过剩的酵母。爱尔兰苔藓（其实是海草）是一种传统的澄清剂，在煮沸阶段投入，会促进蛋白质絮凝（或沉淀）到桶底，形成沉淀物。

Brewing
your own beer

|

自己酿啤酒的
8 个步骤

酿酒可以伴你一生同行。

掌握了酿酒的基础技术，

能为酿造优质啤酒打下坚实的基础。

消毒

人们常说，越洁净，就越接近神。当然对于酒的味道和安全也是一样。消毒是排在首位的——绝对是重中之重。稍有不慎，一丁点儿的有害菌或野生酵母的渗透就会毁掉一整批酒。温热的麦汁是细胞迅速繁殖的温床，被污染的啤酒就只能倒进下水道（除非你是比利时人——兰比克啤酒的"被污染"是刻意为之。但那是另外一码事……）。酿酒设备的每一个部分都要消毒。早期就养成这个好习惯，以后会省去很多麻烦。有种办法是"两步一回头"：任何可能接触到麦汁的物品都要进行消毒。酒瓶也要彻底清洁消毒，可以用特殊的酒瓶刷或冲洗器来操作。

酿酒前的准备工作

在酿酒的不同阶段，大部分家酿者都会利用酒液自身的重量来实现不同容器之间的转移。如果有足够的空间，可以设置为阶梯结构，操作会便捷很多。如果空间不够，就免不了要来点儿搬上搬下的体力活儿了。电动气泵可以帮你省些力气。韦思特公司出品的"风味套装"，需要在使用前3小时激活。怀特实验室的小瓶装液体酵母需保持室温，并在使用前15分钟激活。传统的液体酵母则需提前12 ~ 18小时准备好。麦芽最好在快要进行糖化的时候才碾碎。计划出4 ~ 5小时来酿酒，第一次酿酒的话需要的时间更长——酿酒这件事情是急不得的。不能做了一半就离开几小时，去上班、睡觉或者泡吧。也不要总是幻想着很快就能拿出成品去跟朋友嘚瑟。如果算上发酵和熟成的话，从麦芽到最后装瓶大概需要4 ~ 5周。

Step 1 糖化

在热水里从碾碎的麦芽中提取可发酵糖。

Step 1.1

在热水罐中将所有液体加热（详见 49 页的"糖化"），温度比配方中的温度高 10℃。这个过程大概需要 1 小时——可以利用这个时间将其他工作准备好，如称量和摆放工具之类。因为加热的温度比配方中的温度高，所以在糖化桶中需要稍作冷却后才能达到理想的糖化温度——通常为 65～68℃，但不同配方会有所变化。

Step 1.2

将热水（水的体积参照 49 页的"糖化"）与已经碾碎并充分混合的谷物一起放入糖化桶中，一边放一边小心地搅拌。中途可以看一下温度计，确保水温没有过高或过低。调节水温时，打开糖化桶的盖子，加入冷水来降温，或者加入热水来升温（要记录好添加的水量，在洗糟水的量度中扣除）。

Step 1.3

轻轻搅拌，让糖化桶中的原料充分混合，确保水与谷物没有结块。动

作不要太大，否则温度很容易就会下降到低于期望值，还会导致麦芽浆结块，就好像糖化桶里有面包糊一样——让麦汁冲散即可。

Step 1.4

将糖化桶的盖子盖上。对于单次出糖，放置约 1 小时即可（时间长点也无碍）。对于多次出糖，就像本书中很多配方所需要的，在这个阶段要升高温度，以萃取麦芽的不同特质。接下来是要生成酶并提高效率。现代的"改良版"麦芽，无须多步操作就能进行高效萃取。如果糖化桶有温控装备，操作起来就会容易些，否则就需要用一个厚一些的糖化桶（详见 49

页的"糖化"），加入热水来达到目标温度。但这样就不容易掌控温度，也很难保持稳定——很多家酿者都认为这是没必要的，但也有些人表示有必要。你可以自己试试看。

Step 1.5

一些酿酒师在糖化结束后会进行碘测试。取一份不含残渣的麦汁，加入几滴普通碘，如果液体呈现黑色，表示还有未发酵的淀粉（还记得中学化学课上的内容吗？），那就要再糖化一段时间；如果麦汁没有变色或者呈现些许红色，那就表示糖化充分结束了。

Step 2 过滤

淘洗碾碎的麦芽，以获得其中的可发酵糖，准备好足量的麦汁。

Step 2.1

将糖化温度提高至77℃，也就是"糖化休止"。这一步可以通过外部加热或者加入非常热的水（93℃）来完成。这样做可以达到两个目的：使麦汁的流动更为顺畅；终止酶的转化过程。有些家酿者会这样做，有些家酿者会跳过这一步，也不会有什么大的损失。对于"黏稠"的麦糟，比如小麦或黑麦粉含量很高的配方，"糖化休止"这一步好处很多。

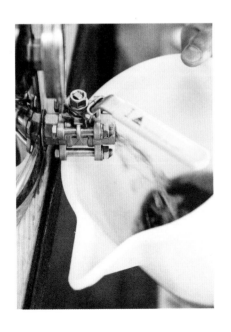

Step 2.2

过滤分为两个阶段——再循环和洗糟。再循环（能"搭建"麦糟床），先取一块能够覆盖麦芽的铝箔，并在上面打一些孔。从糖化桶下方的水阀中接出0.5~1升麦汁，关上水阀，轻轻地把麦汁从铝箔上浇下去。这样重复两三次，直到从糖化桶中接出的麦汁变得清澄，没有麦芽渣为止。麦汁越清澄越好。

Step 2.3

洗糟的方法有两种：批次洗糟和连续洗糟。本书中只涉及连续洗糟（见左图），大家普遍认为这种方法更高效。确保热水罐中的液体温度保持78℃，并且有足够多的水来完成过滤（详见49页的"糖化"）。洗糟能有效地将糖化过程中的可发酵糖淘洗出来，产出丰富、甘甜的麦汁。

Step 2.4

批次或连续洗糟都有可能发生过滤层结块。过滤层结块的表现就是即

使糖化桶中有足够的麦汁，打开底部的水阀时，麦汁仍无法流出。解决这个问题的办法就是先关上糖化桶的水阀，稍微搅动一下麦汁，像Step 2.2那样再循环几次，重新"搭建"麦糟床，放置15分钟后再试试。如果还不行，就要尝试其他办法了，比如大力搅拌或重新加热，使麦汁松散。

Step 2.5

在煮沸之前，可以先取一些麦汁，在室温20℃下先测一下比重（详见49页），这就是煮沸前的比重。

Step 2.6

如果使用旋转洗糟喷淋臂，将它架设在糖化桶上方，用一根软管将旋转洗糟喷淋臂的入水口接在热水罐上，然后用另一根软管将糖化桶的底部和煮沸桶连接。

Step 2.7

将热水桶的水阀拧开一半，喷淋臂就会开始旋转洒水；同时打开糖化

桶底部的水阀，这样就会有麦汁可以持续、稳定地经麦糟床流出了。如果有麦芽被冲到糖化桶壁上，就加一点水进去；如果麦芽表面有一层水，就将糖化桶中的水量调低，水太多可能会把麦糟床压塌，就没办法过滤了。

Step 2.8

只要麦汁没过煮沸桶的底部，就可以打开电源开始加热——这样比较

节省时间。保持麦汁继续流出，直到煮沸桶中麦汁的容量达到预期为止（详见 49 页的"糖化"）。

连续洗糟所使用的塑料软管要求易弯曲、带孔，达到食品安全级别。将软管连接热水罐，放在麦糟床上方，让水淋下来。或者简单些，用前面提到的铝箔法继续洗糟：用量杯从热水罐中取 78℃ 的热水，轻轻地淋在铝箔表面，重复几次。

家酿者常用的另外一种方法是在麦芽上方用一个大金属勺子和一根连接热水罐的软管浇水。

无论用什么方法，原则和目标都是一致的。洗糟时间不一，从完成标准麦芽配比到重度糖化所需的时间可能为 45～90 分钟。要确保使用的洗糟水量和一开始配方中计算的一致（详见 49 页的"糖化"）。

Step 3 煮沸

从啤酒花中获取苦味、风味和芳香，并杀死有害菌。

Step 3.1

现在你应该对煮沸桶中的麦汁容量有个概念了，而且麦汁现在应该在持续加热中。把煮沸桶盖上，能将麦汁更快地煮沸。

Step 3.2

在麦汁煮沸之前投入酒花，被称作"头道麦汁投酒花"（译者注：国内通常也称作"酒花前投"，也就是将酒花直接投入糖化后过滤好的麦汁内，据称这样会使酒花的苦味更加柔顺，并产生特殊的香气。此外，国内使用的啤酒花绝大部分都是压缩酒花颗粒，本书中也是）。

Step 3.3

当麦汁煮沸之后，就可以开始投放啤酒花了。将大团的啤酒花打散，然后根据配方的指示，逐一放入麦汁中，每次投放都要充分搅拌。在煮沸过程中，煮沸桶的盖子只需盖上一部分，这样就能让硫化物（会给啤酒一种令人讨厌的"煮玉米"味）或氯气（来自自来水）释放出来。敞开盖还能便于时时关注，避免溢锅。但要有心理准备，蒸发会造成一部分麦汁流失。

Step 4 酒花驻留

给啤酒花足够长的时间浸泡在温热的麦汁中，从而最大限度地提取其中的芳香。

　　传统观点认为麦汁煮沸之后要尽快冷却。但本书中的一些配方显示，酒花驻留能够大大增加啤酒的芳香，很多家酿者现在都会采用这种方法。基本上，这个操作只要在麦汁的冷却过程中将大量芳香型啤酒花投进去，让啤酒花和麦汁充分接触 10 ~ 45 分钟就可以了。这种操作也被称为 "回旋干投" ——因专业的回旋沉淀技术而得名。回旋式搅动麦汁产生的向心力会使固体沉淀在桶底部堆积成金字塔形，方便过滤。如果喜欢的话，可以这样操作试试看，但酒化驻留也可以不通过回旋沉淀法完成。如果配方中没有酒花驻留这一步，那就直接跳到 Step 5。

Step 5 冷却和通气

给麦汁降温，为接种酵母做准备。

无论有没有做酒花驻留，现在都有必要让麦汁迅速降温，将麦汁被污染的风险降到最低。这样做还有两个原因：达到包装上标注的酵母的适宜温度；节约时间。因为麦汁自然冷却可能需要好几个小时。可以使用前面提到的各种冷却设备（也可以直接将整个煮沸桶放进冰水中做冷水浴，但这样操作时间长，且仅适用于非电加热设备）。从这一刻开始，任何接触麦汁的器物都要考虑啤酒是否会受到污染的潜在风险而进行消毒。而且这个时候也可以开始准备酵母了——如果酵母需要活化，可以在麦汁冷却的时候进行。

浸入式冷却器

如果采用浸入式冷却器，将软管接在冷却器的两端——一端接入冷水，一端排水。将冷水阀开到最大，确保排水顺畅。可以用消过毒的勺子搅动麦汁，以提高冷却效率。

定时测一下温度，直到麦汁温度

降到酵母包装上指定的温度为止。关掉冷水阀，撤掉冷却器。

麦汁冷却后要把麦汁转移到发酵桶中——可以利用重力或者虹吸原理完成液体转移。这时候不能太"温柔"，因为麦汁中有氧气，酵母才会开始发酵。

板式冷却器

将软管接在冷却器的进水口和出水口。这种冷却器是一边冷却麦汁一边完成麦汁的转移——所以必须控制好流速，平衡出水量，才能确保麦汁入发酵桶的时候温度足够低（20℃以下）。如果温度过高，就要赶紧将煮沸桶底部的水阀拧小。麦汁"飞溅"入发酵桶对于发酵来说是必不可少的。这个冷却—转移的步骤持续到煮沸桶中的麦汁完全转移到发酵桶中为止。

在发酵桶内
Step 5.1

由于出产率和蒸发率的不同，这个阶段麦汁的体积会有所变化。如果得到的麦汁量比预期的多或者少，那么很有可能啤酒的比重会偏离目标值——当然啤酒还是能喝的，但酒精度与预期的会有所不同。

Step 5.2

再测一次比重。这就是初始比重（译者注：也就是大家常说的原麦汁度），它决定了最终出产的酒精度。将测得的初始比重与配方中列出的初始比重做个比对（详见 48 页）。

Step 5.3

搅拌麦汁，使麦汁的整体温度一致，然后测一下温度。如果温度太高，投入的酵母就可能不"工作"甚至死掉，然后你就不得不再投放一次酵母，如果还有富余酵母的话。不管怎么说，最好是多准备些酵母，有备无患。

Step 5.4

给麦汁通气。就像人类一样，酵母光靠啤酒是存活不了的——必须有氧气才行。不要在温度高于 26℃ 时给麦汁通气——会造成氧化。这和诵气不是一回事，而且会让啤酒的味道变得很奇怪。家酿用品店可以买到通气设备，但最简单的办法就是把发酵桶盖紧，使劲摇晃几分钟。

Step 6 接种酵母

发酵桶里就像开派对似的，热闹非凡。糖守着吧台，啤酒花搂着老态龙钟的水蹿进舞池。当然不只这些！接种酵母就像把贾斯汀·比伯拉进屋里然后锁上门——大家都疯狂了！

应该使用多少酵母呢？一袋酵母制作出的 20 升啤酒，酒精度可达 11%。比重再高一点的啤酒，建议使用 2 袋酵母，或者制作酵母起子（译者注：就像家用发面的面肥一样）。前面曾经提到过，商业酵母有两种形态：干酵母和液体酵母。液体酵母要存放在冰箱里，使用前取出，但最好不要储存太久（无论什么酵母，存放几个月，活性就不行了）。干酵母就"皮实"多了。此外，还有第三种——野生酵母，就是在空气中飘浮着的菌群——只要你给它们机会，它们就能起作用，但结果怎样就不好说了……所以最好还是先用从商店里买的酵母吧。

一些干啤酒酵母的生产商推荐在接种酵母之前先做酵母活化，但是在酵母活化的过程中可能会破坏酵母的细胞壁，所以建议在小型容器中在保持适宜温度的情况下进行酵母活化。一些家酿者会忽略这个建议，直接把酵母撒在麦汁表面——这样操作基本上是可以的，但不能保证绝对有效。最好

按照酵母包装上的说明来操作（而且在打开之前一定要对包装表面进行消毒）。如果包装上没有操作说明（那这种玩意儿你是从哪儿弄来的？），那就这样做：取 4 倍于酵母数量的水煮沸；让水在消过毒的罐子里冷却至体温（最佳为 37℃）；将酵母放至室温，撒在水中，放置 15 分钟；轻轻地搅拌，再放置 15 分钟，检查酵母的温度；当酵母温度与麦汁温度相差不到 10℃时，

将酵母投入麦汁。如果是液体酵母，营养包（如果有的话）要在 3 小时之前活化，并确保温度适宜，然后直接倒入麦汁。

当接种酵母后，就可以跟麦汁说"拜拜"了。盖上发酵桶盖，拧紧。等下一次打开时，里面就是啤酒了。在桶盖的孔上装好单向气阀（如果是气泡型气阀，要注入一点无菌水）。

Step 7 发酵（和酒花干投）

好啤酒靠好发酵。给酵母创造好条件，酿酒基本就不会失败了。

从某种程度来讲，发酵是酿酒中最简单的一个环节，因为什么都交给酵母了。但发酵也可能是最重要的环节。帮酵母一把，确保发酵罐是按配方的温度避光存放。

主发酵在接种酵母的 12 小时之内进行：这时候会产生大量二氧化碳，从单向气阀的变化就可以看出来。如果 24 小时之后还什么动静都没有，那就表示酵母可能失效了。但也不用心灰意冷：打开备用的酵母，按操作再投放一次酵母。如果使用的是玻璃发酵罐，就能看到麦汁顶部堆积着浮渣般的发酵醪；但如果用的是金属或塑料发酵罐，就什么都看不到了。千万别为了满足好奇心打开发酵桶，那就前功尽弃了！

正常情况下，如果是艾尔啤酒，那么发酵这个阶段大概需要 10 天——这个时间很难精确，因为酵母"自由散漫、不听指挥"。要不断检查——当气阀的活跃度降低时，要么是可以开始二次发酵了（对于家酿者而言二次发酵不是必需的，但大部分情况下都会进行），要么就是还需要一些时间来调整。其实这时候酵母仍在工作，只是节奏比较慢，而且啤酒也逐渐变得清澈。最多三周，你可以任由酵母饼沉在那儿，啥都不管。

当这个阶段圆满结束后，就可以测一下比重了，这就是最终比重（FG），这时就可以计算这桶酒的酒精度了（详见 48 页）。

如果是要制作拉格啤酒，那么现在就是窖藏阶段了——在较低温度下进行的另一个发酵阶段。

一些酿酒师会对拉格啤酒进行"低温骤凝沉降"，将啤酒冷却到 1 ~ 5℃ 存放几天到一周，以使啤酒变得澄清。

如果你像本书的很多配方那样干投酒花，在主发酵结束后就可以进行了。干投多久合适呢？就像家酿的很多步骤一样，没有标准答案。3 ~ 5 天当然没问题，但可以根据自己的喜好，加、减些时间实验一下。啤酒花和麦汁接触的时间要足够长才能萃取到酒花油。

不同的发酵罐会影响干投酒花的方式：有些人会用棉布袋干投酒花，避免在麦汁中产生沉淀，但是要把棉布袋放到塑料或玻璃发酵桶中很难。所以酒花颗粒在这个阶段就很实用，因为操作很方便。如果你不准备将啤酒过滤后再装瓶的话，为了避免酒花在啤酒中结块，使用棉布袋是非常必要的。

Step 8 添加二次发酵糖、灌瓶和熟成

最佳啤酒的最后几步操作包括为二氧化碳创造条件，并且给啤酒找一个安静舒适的地方来安置。

距离啤酒的酿成就差半步了。发酵桶中的液体已经不是麦汁了：有麦芽香、啤酒花香和酒精味，但味道平淡，还未成熟。至于啤酒里的气泡，则需要用糖来准备，通常是酿酒糖（一种普通的葡萄糖，不会给酒体带来任何风味，很容易被酵母转化为二氧化碳）。根据所需的二氧化碳量调制好溶液（酿酒换算软件特别方便）。

灌瓶之前可以考虑给啤酒换个桶以减少沉淀：如果换桶的话，把糖水倒进去之后再换桶。当然也可以不换桶，灌瓶的时候小心操作就行。将消过毒的水阀安装在发酵桶上，然后将酒灌入消过毒的酒瓶。这个时候要是把酒污染了，就像在马拉松比赛中跑到最后 100 米的时候摔断腿一样亏。用压瓶器将消过毒的瓶盖牢牢固定在

瓶子上。把灌瓶后的啤酒在阴冷处避光存放两周，不过多存放一到两周口感会更佳。有的啤酒比如裸岛的大麦烈酒，需要更长时间熟成。

至于下一步，你应该就不需要任何指导了。招呼几个朋友，碰一下杯，你会喝到有生以来最赞的啤酒——直到下一批啤酒酿好为止。

How to
follow these recipes

|

如何使用
这些配方

———

不同的啤酒配方都有相应的参数，

比重、产量、时间、重量和百分比。

正确理解这些参数和家酿操作的对应关系后，

它们就没那么复杂了。

你甚至可以自己编写一套配方。

所有的啤酒配方在设计时都要将出产率和设备纳入考量——同样的原料在不同的设备上可能会产生不同的结果。所以请把出产的第一批酒作为试验品，做好记录。设备和原料是同等重要的。此外，精确地测量，制定目标，不断实验、练习和持之以恒也是很重要的。本书的配方都是由专业酿酒师研发的。如果你无法完全复制糖化或发酵过程，可以适当调整，只要保持大原则不变就好！

一步一步来看酿酒的步骤，家酿似乎很容易。但在科学方面稍微深入一点，就会发现其中涉及了大量的数值、百分比、重量和单位。同大部分的兴趣爱好一样，你尽可以做到极致。别小心翼翼地，尽可能地往深里钻，用不了多久，你就能玩出彩了。你会逐渐了解原料之间的关系以及它们的特性；出产率和稳定性也会逐步提高；设备的使用也会越来越得心应手；麦芽、酒花和酵母也都能驾驭自如。无论如何，结果都是：酿出的啤酒没有最好，只有更好。有很多非常好的酿酒网站和好用的酿酒App（应用软件），但自己能对所有的过程了然于心会更有裨益。你只需要一点数学基础就能酿酒。但如果连这点算术都搞不懂，你确定你到喝酒的年龄了吗？

酒精度指标

单位体积的酒精含量，就是我们通常说的酒精度（ABV）。这是一个非常重要的指标——你最终得到的是一款能当早饭喝的适饮啤酒，还是需要先清清肠胃再喝的高能啤酒，就看它了！酒精度只能作为指标，不能保证精确达到数值。要计算出酒精度，需要初始比重和最终比重，这两个值也只能作为指标。简单的酿酒公式为：

酒精度 =（初始比重 − 最终比重）× 131.25

使用带小数点（如 1.054）的特殊比重计。比重与酒精度的关系并不是线性的，所以这个公式不可能完全精确，特别是在酒精度高的情况下。可以使用软件或网上的计算工具来提高精度。

产量

本书的所有配方都是根据每批酒20升来配置的，这是倒入发酵罐时的液体容量指标，虽然之后液体可能被酵母和啤酒花吸收而有所损耗。水、麦芽、啤酒花和酵母可以根据自己的喜好按比例增加或减少，制作更多或更少的啤酒。产量也是一个指标——

高了或低了，比重和酒精度就会发生变化。

初始比重和最终比重的目标值

这是酿酒配方中最重要的两个指标。这两个数值不仅决定了啤酒的酒精度，而且也显示出这批酒酿造的效率，同时最终比重也能告诉我们发酵过程是什么时候结束的。当酿酒师说到"出糖率"的时候，就是指从酿酒开始到结束，能够从麦芽中提取多少可发酵糖。根据原料不同，酿造的出糖率并不是一成不变的。本书中所有的配方都既定为 75% 的出糖率，这个指标还算不错。随着酿酒水平的提高，可以考虑把出糖率纳入考量，以便调整自己的酿造工序。

麦芽

本书中所有的配方都是按比例给出麦芽重量的。基本上，如果不考虑出糖率的话，就按书中所说的重量选取就好；如果对自己的设备状况和产能有明确认识，可以根据比例调整一下，结果会更精准。

糖化

糖化，简单来说，就是麦芽加水。糖化水分成两个部分——糖化水和洗糟水，我们需要明确了解这两种水使用的量。

要计量糖化水，我们首先要计量糖化醪的浓度，如水和麦芽的比例。标准的比例是 2.6 升水对应 1 千克麦芽。在计算洗糟水时，要考虑到麦芽吃水、残渣吃水、啤酒花吃水（煮沸和干燥），还有所有容器中的死角和蒸发导致的耗损。只有经过几次反复实验后才能知道自己的设备会产生多少耗损和误差。

水在桶中煮沸一小时，前后产生的体积差就是水的蒸发耗损率。假定 1 千克麦芽会吃掉 1 升水，计算一下总液体量，加上耗损量，就可以计算出洗糟水的需求，只要从糖化水总量中减掉这部分就可以了。作为参考，除加入煮沸桶的总量之外，我们还需要再准备 7 升水。

啤酒花

本书中的一些酒厂特别申明了配方中的 α 酸度。α 酸是在煮沸过程中从啤酒花中提取出的化合物，这种物质提供了啤酒中的苦味。苦度是根据国际苦度单位（IBU）来衡量的。α 酸度和 IBU 是相关联的：α 酸度越高，苦度越高；啤酒花用量越多、煮沸时间越长，也会提高 IBU 值。啤酒花的 α 酸度各不相同，所以想得到精确的 IBU，就要校正啤酒花的用量。如果想要根据自己采用配方的 α 酸度调整啤酒花用量，那就拿出计算器吧。公式是这样的：

原始 α 酸度 % × 原始啤酒花重量/新啤酒花 α 酸度 %= 新啤酒花重量

与麦芽不同，我们可能不常能弄到配方中特定的啤酒花种类，特别是产量不高的情况下，那就替换一下吧。（译者注：1IBU 就是说 1 升啤酒里含有 1 毫克的异 α 酸。购买的啤酒花包装上应标有 α 酸百分比。α 酸在煮沸过程中发生异构化变为异 α 酸。一般来说煮沸时间越长，α 酸转化率就越高，实际转化率会因为设备和麦汁密度的不同而不同，苦度可以由经验和估算获得。IBU 在本书的配方中会作为酿造参数出现，有兴趣的爱好者可以自行查找相关资料。）

酵母

很多酿酒厂都会使用自制菌株，本书中的配方建议采用商业零售酵母。如果找不到配方中的酵母，也可以用其他酵母来代替，选择相似的即可。

发酵

在达到最终比重和发酵完成之前，尽可能保持稳定的发酵温度。

二氧化碳

按配方加入定量的二次发酵糖，以确保啤酒成品中的气泡量。这个过程会根据温度、体积和啤酒类型而不同。所以这时候用在线的计算工具比较方便。

Wheat,
saison & sour

|

小麦啤酒、
塞松啤酒和酸啤酒

小麦芽化后会让啤酒变得顺滑清新；

没有芽化的小麦，啤酒的味道会比较"尖锐"。

塞松是一种酒体轻盈、气泡丰富的法国比利时农场艾尔，

可以与添加的风味完美融合。

酸啤酒使用了不同的酵母和菌群，

产生了明显的酸味。

美国，加利福尼亚州，奥兰治县
Orange County, California, USA

大地酿酒厂
Bruery Terreux

谷物

魏尔曼皮尔森麦芽（*Weyermann pilsner malt*），3.4
千克（60%）

大西部未发芽小麦（*Great Western unmalted
wheat*），2.27 千克（40%）

糖化

67℃保持 60 分钟

啤酒花

（煮沸时间 60 分钟）

德国马格南（*German Magnum*）15.2% AA，6 克，
头道麦汁投酒花

酵母

比利时小麦艾尔酵母（*White Labs WLP400
Belgian Wit Ale*）或比利时小麦酵母（*Wyeast
3944 Belgian Witbier*）

短乳杆菌（*Lactobacillus brevis*），发酵第 12 天
加入

酒香酵母（*Brettanomyces bruxellensis*），每毫
升一百万菌数，发酵第 12 天加入

发酵

18℃，之后可任由温度上升；充分发酵和酸
化的过程将持续两个月

其他原料

碎芫荽籽，12 克，煮沸 10 分钟

苦橙皮，12 克，煮沸 10 分钟

酵母营养剂和澄清剂，煮沸 10 分钟

覆盆子果泥，726 克，或整颗覆盆子，826 克，
主发酵 12 天时加入

贝雷帽 BERET

覆盆子帝国酸小麦 Raspberry Imperial Sour Witbier　20 升 | 酒精度 9%　初始比重 1.076 | 最终比重 1.010

　　有一群精酿爱好者不仅是买酒来喝，他们还会把酒买回来，窖藏、交换、熟成，然后再拿出来展示（当然应该也是会喝掉的）。在稀有啤酒收集圈，大地酿酒厂的名字交口相传（这个酸啤酒副线品牌是于 2015 年创建的）。这家酒厂坚称不做 IPA——帕特里克·鲁（Patrick Rue）的团队专门研究过桶酒、酸啤酒、实验性啤酒、水果风格类型啤酒以及复刻啤酒和原创啤酒。它的很多产品都要在昏暗的木桶中窖存很长时间。

　　然而，贝雷帽这款酒是在不锈钢桶（或中性的葡萄酒桶、坛子或玻璃罐）中发酵，趁新鲜时饮用的（尽管经过时间的洗礼，这款酒也会变得复杂深邃）。这款酒是用顺滑的比利时小麦配制的，投入最少量的啤酒花，但乳酸菌和酒香酵母将它升华到了新高度。酒香酵母能够与任何麦芽糖（以及覆盆子中的糖）完美融合，产生标志性的辛辣味、果香味和农场风味。酿酒师安德鲁·贝尔（Andrew Bell）推荐使用结实的啤酒瓶，才能承受瓶中活跃、丰富的二氧化碳（这款酒的气压指标是 2.75 帕）。

布鲁克林酿酒厂
Brooklyn Brewery

美国，纽约，布鲁克林
Brooklyn, New York, USA

　　布鲁克林酿酒厂的故事之传奇，完全可以独立出一本书。布鲁克林酿酒厂是真正的精酿啤酒皇室：1988 年，前中东记者兼酿酒师史蒂夫·欣迪（Steve Hindy）和银行家汤姆·波特（Tom Potter）共同创建了布鲁克林酿酒厂。布鲁克林的经典标志是由米尔顿·格拉泽（Milton Glaser）设计的——"I ♥ NY"也是他设计的。从 1994 年开始，布鲁克林酿酒厂的产出过程就由酿酒大师加勒特·奥利弗（Garrett Oliver）监管，此人后来成为精酿界的大师级人物。布鲁克林酿酒厂以非传统的推广方式和永不妥协的啤酒风格而闻名，包括大名鼎鼎的东方 IPA（East IPA），为户外定制的夏日艾尔（Summer Ale）和风靡世界的布鲁克林拉格（Brooklyn Lager）。布鲁克林拉格在 1988 年一经推出后，就以其维也纳风格的浓郁麦芽香横扫世界，一把抓住了主流啤酒饮家们的心。

"Beer has dispelled the illness which was in me."

—Late Egyptian, translated by Dr. Kent Weeks

布鲁克林酿酒厂
Brooklyn Brewery

谷物

皮尔森麦芽（*Pilsner malt*），5 千克（92%）

糖化

50℃保持 10 分钟，63℃保持 60 分钟，67℃保持 15 分钟，升温至 75℃进行糖化休止。洗糟，直到麦汁比重达到 1.054，加入玉米葡萄糖

啤酒花

空知王牌（*Sorachi Ace*）12% AA，14 克，60 分钟

空知王牌 12% AA，14 克，30 分钟

空知王牌，56 克，0 分钟

空知王牌，84 克，酒花干投 5～7 天

酵母

比利时艾尔酵母（*Wyeast 1214 Belgian Ale*）或修道院艾尔酵母（*White Labs 500 Trappist Ale*）

发酵

22℃

其他配料

450 克玉米葡萄糖（8%）

空知王牌 SORACHI ACE

美式酒花塞松 US-Hopped Saison　20 升 | 酒精度 7.2%　初始比重 1.062 | 最终比重 1.008

　　布鲁克林旗下的新成员空知王牌是一款略带纽约"口音"的经典比利时农场艾尔。传统来说，塞松啤酒源于比利时南部的瓦隆地区，是为在农场干活的工人们准备的，酿造原料非常严格——欧洲麦芽和谷物、α 酸含量低的贵族啤酒花——但酿造这种酒乐趣无穷，因为人们可以随意地加入各种啤酒花和增味剂。这款 21 世纪的复刻只添加了一种啤酒花——日本西北部空知郡的王牌酒花，这种酒花能够提供独一无二的花香和柠檬香。这个啤酒配方所采用的酿造技术是：在煮沸时交错碰撞，这样能够提取出非常广泛的风味，从苦味到风味，再到芳香。塞松啤酒不可或缺的一种原料是比利时酵母，它能为啤酒带来果香、辛辣味和酯香。成品具有稻草一样的浅黄色，还有新鲜的气泡，适合佐餐，超级解渴——来点塞松，耕地什么的就是小菜一碟！

8 号铁丝酿酒厂
8 Wired Brewing

谷物

皮尔森麦芽，2.71 千克（59%）

淡色艾尔麦芽（Pale ale malt），1.06 千克（23%）

小麦麦芽（Wheat malt），370 克（8%）

焦香麦芽（Caramalt），180 克（4%）

小麦麦片（Flaked wheat），180 克（4%）

酸化麦芽（Acid malt），90 克（2%）

糖化

保持较低的糖化温度，以获得足够的发酵度，64℃（或者你能接受的更低温度），保持 60 分钟

啤酒花

（熬煮 60 分钟）

纳尔逊苏维浓（Nelson Sauvin），42 克，头道麦汁投酒花

纳尔逊苏维浓，84 克，回旋沉淀

摩图伊卡（Motueka），42 克，回旋沉淀

酵母

法国塞松酵母（Wyeast 3711 French Saison）

发酵

温度保持在 21℃开始发酵，然后让温度上升到 27℃左右，持续 4～5 天

苏维浓塞松 SAISON SAUVIN

新西兰酒花塞松 NZ-Hopped Saison　20 升 | 酒精度 7%　初始比重 1.055 | 最终比重 1.002

据说在新西兰，8 号铁丝能搞定一切。这本来是一种用来制作带电铁丝篱笆的原材料，后来成了传统新西兰人 DIY（自己动手做）的象征：用途广泛，随处可得，而且什么东西都能搞定。你其至可以用 8 号铁丝做出好啤洒——2011 年，索伦·埃里克森（Søren Eriksen）赢得了包括"新西兰酿酒锦标赛"在内的多个奖项。将这款加入了独一无二的新西兰酒花纳尔逊苏维浓的塞松啤酒，与布鲁克林酿酒厂的空知王牌和燃烧的天空酿造调配厂的口粮酒塞松相比，会发现塞松啤酒在麦芽、啤酒花、酵母、增味剂和酿造工艺上都有各自的风格。索伦提出了一些建议："较高的发酵温度对于获得合适的发酵度十分重要。你可能会用到多种酵母，但是为了得到极高的发酵度，我们使用了法国塞松酵母（Wyeast 3711）。所以如果使用的是一种发酵度偏低的酵母，就加入 10% 的葡萄糖。另外，干投少量纳尔逊苏维浓啤酒花也无妨，但是我们没有这样做。"纳尔逊苏维浓啤酒花并没有替代物——没有这款啤酒花，酿出来的将是完全不同的啤酒。

译者注：在中国有很多人将这个品牌称为"8 怪"，因为混淆了"wired"和"weird"。8 号铁丝是一种铁丝的规格，最早用来制作畜牧场的电铁丝网，后来被广泛用于日常生活。纳尔逊苏维浓源自新西兰的纳尔逊小镇，同样还有一种名为"苏维浓葡萄"（即"长相思"）的酿酒葡萄，主要种植在这个小镇，因而得名。

三个男孩酿酒厂
Three Boys Brewery

谷物

淡色拉格麦芽（Gladfield NZ Light Lager malt），
2.01 千克（47%）

小麦芽（Gladfield NZ Wheat Malt），1.34 千克
（32%）

生小麦（Gladfield NZ Raw Wheat），670克（16%）

10 色度的淡色结晶麦芽（Gladfield Gladiator
Pale Crystal 10L），300 克（5%）

糖化

69℃，保持 60 分钟

啤酒花

绿弹头（Green Bullet）13.9% AA，7.5 克，90 分钟

摩图伊卡 7.5% AA，3.5 克，10 分钟

摩图伊卡 7.5% AA，10 克，0 分钟

酵母

比利时小麦酵母（Wyeast 3994 Belgian Wit）

发酵

20℃

其他配料

新鲜的野柠檬皮，22 克，熬煮 5 分钟

芫荽籽粉，33 克，熬煮 5 分钟

三个男孩小麦 THREE BOYS WHEAT

比利时小麦 Belgian-Style Wit　20 升 | 酒精度 5%　初始比重 1.050 | 最终比重 1.012

　　新西兰是一个面积很小，但让人不容小觑的国家，尤其是在精酿啤酒工业方面——新西兰人生产的精酿啤酒，小个子挥猛拳，纵穿南北半球。三个男孩酿酒厂的创始人拉尔夫·邦加德（Ralph Bungard）是新西兰酿酒指导协会的主席，并且曾是一名科学家——系统化的方法和旺盛的求知欲对于啤酒的酿造是很有帮助的。由于拉尔夫总是能酿造出顶级啤酒（特别是生蚝世涛中添加了新西兰南岛布拉夫的世界顶级壳类海鲜），所以获得了很多奖项。三个男孩酿酒厂是小而精的酒厂典范，比起全球化占有率，它更专注于品质。一如其出品的其他啤酒，这款小麦啤酒秉承了一贯的理念，具有优良酵母特性的经典比利时小麦原料，酒头有如云朵一般，还有芫荽籽和柑橘的香气。新西兰酿酒师们总是会在啤酒上留下自己的标记，这款啤酒的标记是完全来自本土的啤酒花香（包括清新、具有热带风味的摩图伊卡啤酒花）和独特的野柠檬香。麦芽在糖化桶中会变得非常黏稠浑浊，所以请记得在过滤的时候使用小麦壳来使麦芽松散。

译者注：本书配方中提及的色度均为罗维朋单位。

three boys

Wheat

Three Boys Wheat evokes ancient abbey ales, when yeast
spices instead of hops were added for bitterness. We use g
yeast that with the wheat malt produces the authentic freshly
cloudiness and huge flavours sought in this wit bier (white bee
The addition of coriander and citrus zest really make this beer

BREW BY NUMBERS
- BBNº -

01 | 01

SAISON
CITRA

— 5.6% —

HANDCRAFTED IN LONDON

编号酿造
Brew By Numbers

谷物

玛丽斯奥特淡色麦芽（*Maris Otter pale malt*），
1.35 千克（36.5%）

皮尔森麦芽，1.08 千克（29%）

小麦麦芽，810 克（22%）

小麦麦片，270 克（7.5%）

糖化

65℃保持 60 分钟

啤酒花

哈勒陶马格南（*Hallertauer Magnum*）
12.9% AA，14 克，60 分钟

西楚（*Citra*）12% AA，10 克，10 分钟

西楚 12% AA，10 克，5 分钟

西楚 12% AA，50 克，熄火。浸泡 10 分钟，
冷却

酵母

法国塞松酵母或者其他塞松酵母

发酵

24℃保持 48 小时，随后让其自然升温并保持
在 27℃

其他配料

葡萄糖，180 克（5%），缓慢加入沸腾的麦汁中，
确保充分溶解，避免被烤焦

碎芫荽籽，10 克，煮者 5 分钟

01|01 西楚塞松 01|01 CITRA SAISON

酒花赛松 Hoppy Saison　20 升 | 酒精度 5.5%　初始比重 1.044 | 最终比重 1.002

　　相信你到目前为止大概已经认识到了酿酒会涉及大量的数字——不过现在提到的数字另有一番含义。"编号酿造"这家创新的伦敦酿酒厂是两位感觉敏锐的酿酒师汤姆·哈钦斯（Tom Hutchings）和戴夫·西摩（Dave Seymour）于 2011 年创建的。他们从一开始就立志要做精准的酿造。在游览了低地国家后，他们大开眼界，目睹了那些国家出产的五花八门的特殊啤酒。回到英国后，他们秉持着比利时人的严谨、对细节的执着和无限的想象力，开始酿造他们自己的啤酒。"编号"在这里是指一种独特的编号体系：编号的第一部分是指啤酒类型（如"08"是世涛，"14"是三料）；第二部分是指啤酒的配方（"05|08"就是马赛克 IPA；而"01|01"就是他们的开山之作——西楚塞松）。传统的塞松啤酒当然不会有华盛顿啤酒花，但是如布鲁克林酿酒厂的空知王牌和 8 号铁丝酿酒厂的苏维浓塞松这种风格的啤酒能与华盛顿啤酒花完美融合。从西楚啤酒花中提取的荔枝、葡萄柚和蜜瓜综合果香与这款清爽柔滑、气泡十足的塞松相得益彰。

燃烧的天空酿造调配厂
Burning Sky Artisan Brewers and Blenders

谷物

皮尔森麦芽，3.9 千克（85%）

小麦麦芽，220 克（5%）

斯佩尔特小麦麦芽（Spelt malt），220 克（5%）

中深焦香麦芽（Cara Gold），220 克（5%）

糖化

65℃保持 60 分钟

啤酒花

东肯特古丁（East Kent Goldings）3.75% AA，25 克，75 分钟

东肯特古丁 3.75% AA，12 克，15 分钟

萨兹（Saaz），23 克，0 分钟

采列（Celeia），23 克，0 分钟

空知王牌，25 克，0 分钟

酵母

塞松酵母：作为主发酵酵母

酒香酵母：比重降至 1.015 时投入

乳酸菌：比重降至 1.015 时投入

发酵

发酵开始于 22℃，随后自然升温至 25℃，充分降糖和熟成

口粮酒塞松 SAISON à LA PROVISION
塞松 Saison　20 升 | 酒精度 6.5%　初始比重 1.052 | 最终比重 1.002

　　2014 年成为英国啤酒作家协会酿酒师的马克·特兰特（Mark Tranter）是暗星酿造公司的创始人。现在，暗星还在生产很棒的啤酒，但马克已经"移情别恋"。马克在 2013 年创建了燃烧的天空酿造调配厂，并将其作为一个长期项目：这个品牌主要致力于用陈年木桶酿造过桶啤酒，所使用的酵母都是需要经过长时间熟成才能使用的类型。塞松是马克格外青睐的啤酒风格，口粮酒塞松更是凝结他心血的大作。"我们有专门为这款啤酒量身定制的法国橡木桶。"他说，"我们在主发酵一周后将酒液倒进橡木桶中，然后让啤酒在木桶中熟成 3 个月。'野生酵母'会定居在木桶中；所以啤酒也会不断地变化，每一批啤酒与上一批相比都会有所不同。对于家酿啤酒师而言，除非你有个红酒木桶，否则可以试试加入稍微烘烤过的法国橡木条或木屑。我们使用的自制塞松酵母菌株以及酒香酵母和乳酸菌，不像商业化的酵母液那么普及，都是从各种酵母源上自行接种的。至于酒香酵母，选择一款相对温和的就可以了。"

拉古尼塔斯酿酒公司
Lagunitas Brewing Company

小东西 LITTLE SUMPIN' SUMPIN'

淡色小麦艾尔 Pale Wheat Ale　20 升 | 酒精度 7.5% | 初始比重 1.070 | 最终比重 1.016

谷物

2 棱美国淡色麦芽（2-row American pale malt），3.23
千克（50%）

美国小麦麦芽（American wheat malt），2.46 千克
（38%）

英国烘烤小麦（English torrified wheat），720 克（11%）

德国烤小麦麦芽（German toasted wheat malt），80
克（1%）

糖化

65.5℃保持 60 分钟，升温至 75℃进行糖化休止

啤酒花

努格特颗粒（Nugget pellets）9% AA，9 克，90 分钟

地平线颗粒（Horizon pellets）12.5% AA，1.5 克，
90 分钟

萨米特颗粒（Summit pellets）17.5% AA，1.5 克，
90 分钟

威拉米特颗粒（Willamette pellets）5.2% AA，7 克，
45 分钟

桑迪亚姆颗粒（Santiam pellets）5.6% AA，23 克，
15 分钟

威拉米特颗粒 5.2% AA，8 克，15 分钟

喀斯喀特颗粒（Cascade pellets）、世纪百年颗
粒（Centennial pellets）和西姆科颗粒（Simcoe
pellets），每种 20 克，酒花干投

奇努克颗粒（Chinook pellets），24 克，酒花干投

哥伦布颗粒（Columbus pellets），13 克，酒花干投

阿马里洛颗粒（Amarillo pellets），15 克，酒花干投

酵母

英式艾尔酵母（White Labs WLP002 English Ale）

发酵

17～18℃保持 36 小时，升温至 20℃保持 36 小时，
再升温至 21℃直到发酵结束

其他配料

如果酿造用的水硬度极低，可以添加石膏

索诺玛县是一个很悠闲的地方：山川溪流、美丽的太平洋海岸、性情温和的当地人，还有加利福尼亚州的阳光。1993 年在这里创办的拉古尼塔斯酿酒公司，曾经是非正式的聚会型酒吧，每周二下午 4 点 20 分准时营业。如果你理解这个时间的特殊意义，那你就可以算是索诺玛县的万事通了。拉古尼塔斯现在是美国的一个主流酿酒机构，但它的啤酒依然保持着傲娇本色：它生产的IPA是多年前在美国西海岸掀起精酿啤酒革命的一款先驱之作。这款"小东西"中小麦含量很高，入口绵密如丝般柔滑，啤酒花爆发出松脂芳香，气味与口感都让人无法抵挡。为了避免结块，酿造过程中保持糖化醪稀薄，以便麦芽汁的流动。拉古尼塔斯在"小东西"这款酒上采用的过滤方式，你也可以在家学习操作，家酿商店里能找到你需要的装备。这款啤酒是"酒腻子"的专款。

自由精神
Freigeist

谷物

皮尔森麦芽，*1.52 千克（50%）*

斯佩尔特小麦麦芽，*1.1 千克（36%）*

糊精麦芽（*Carapils*），*430 克（14%）*

糖化

*63℃保持 30 分钟，升温至 72℃保持 30 分钟，
再升温至 78℃进行糖化休止*

啤酒花

苏菲亚（*Saphir*），*10 克，60 分钟*

苏菲亚，*10 克，0 分钟*

酵母

德国小麦酵母（*Fermentis K97 German Wheat*）
乳酸菌（*White Labs WLP677 Lactobacillus*）

发酵

*将麦汁分装到两个单独的发酵罐中。一个发
酵罐保持 20℃，接种德国小麦酵母；另一个
保持 35℃，接种乳酸菌。主发酵结束后，将
两个发酵罐中的液体混合倒入一个二次发酵
罐中，在 20℃下保持 10 天，再降至 4℃保持
14 天*

装扮 KÖENICKIADE

柏林小麦 Berliner Weisse   20 升 | 酒精度 3.5% | 初始比重 1.037 | 最终比重 1.010

　　德国的啤酒酿造业有着独特的规范史。中世纪的啤酒纯净法案到现在并非强制性的，但酿造行业依然保持了地域化特色，如莱比锡酿制的咸味高斯、下莱茵河酿制的古法黑啤。但布劳斯特拉（Braustelle）是科隆一个非常有创新精神的小酒厂，它酿造啤酒时秉持着对过往经典的崇敬和对未来发展的期待。布劳斯特拉的实验性分支"自由精神"展现了它对柏林小麦的现代演绎。这种日渐风靡的酸啤酒（酸味来自乳酸菌）口味清爽（酒精度低、麦香清淡），啤酒花恰到好处。这款酒用斯佩尔特小麦取代了传统小麦。斯佩尔特小麦是一种无麸质谷物，略带一点果仁口感。这款酒的酿造工艺非常先进。在接种酵母之前要先制作一份乳酸菌起子。麦汁的 pH 值应低于 4.5，以确保发酵时处于最适宜的酸碱度。发酵过程也需要保持较高的温度。分离麦汁时采用的不是传统方法，但会让结果更接近目标（而且更好喝）。这种风格的啤酒与水果类的增味剂相融甚佳，在瓶中进行熟成也会更具风味。

译者注：*carapils* 本名为焦糖皮尔森麦芽，但酿酒者将之统称为"糊精"。

巴拉丁
Baladin

谷物

皮尔森麦芽，*4.17 千克（87%）*

小麦，*440 克（9%）*

德国小麦麦芽，*180 克（4%）*

糖化

在 *50℃* 时投料；*48℃* 保持 *20 分钟*；*62℃* 保持 *40 分钟*；*69℃* 保持 *20 分钟*；升温至 *78℃* 进行糖化休止

啤酒花

佩勒（*Perle*）*8% AA*，*2 克*，*90 分钟*

佩勒 *8% AA*，*3 克*，*45 分钟*

中途（*Mittelfrüh*）*5% AA*，*8 克*，*45 分钟*

佩勒 *8% AA*，*3 克*，*0 分钟*

阿马里洛（*Amarillo*）*8% AA*，*12 克*，干投

酵母

比利时小麦酵母（*Wyeast 3942*）

发酵

保持 *20℃* 进行主发酵。然后移除酵母，干投酒花。然后加入大量香料，降温至 *4℃* 保持 *15 ~ 20 天*，然后后装瓶

其他配料

甜橙皮，*2 克*；苦橙皮，*2 克*；碎芫荽籽，*22 克*；煮沸结束后投入，浸泡 *30 分钟*

碎芫荽籽，*4 克*；龙胆草，*1 克*。主发酵结束后投入

开放白啤 OPEN WHITE

小麦啤酒 *Biere Blanche* 20 升 | 酒精度 5% 初始比重 1.051 | 最终比重 1.016

　　在对待吃喝方面，全世界很难找到比意大利更严谨的国家了：好像每个意大利人都深知土地的重要性以及每片土地能长出什么。巴拉丁可以被视作慢食运动中的啤酒分支。创始人特奥·穆索（Teo Musso）把当地所产的樱桃、甜梨、香橙花、南瓜和石楠花蜜等都添加到了啤酒中。这些啤酒通常是大瓶装，在正式的餐桌上享用。特奥在企业经营与合作方面也大展身手，于是有了开放啤酒系列，这就是开放白啤的起源。巴拉丁版本的白啤不仅使用小麦麦芽，也依照传统比利时白啤的配方添加了生小麦，同时还干投酒花。然而，甜橙和芫荽籽的风味让这款酒更贴近布鲁塞尔，并且伴随了一点龙胆草香（龙胆草具有独特的苦味，是一种比啤酒花还早的啤酒风味剂）。使用这个配方的时候不要加入澄清剂——悬浮的酵母和朦胧的酒体颜色是白啤的重要特征，再加上白啤中需要丰富的二氧化碳，而小麦有利于二氧化碳的保存。

译者注：慢食运动（*Slow Food Movement*）号召人们反对按标准化、规格化生产的汉堡包等单调的快餐食品，提倡有个性、营养均衡的传统美食，目的是通过倡导美食来维护人类不可侵犯的享受快乐的权利，同时抵制快餐文化、超级市场对生活的冲击。

弯扳手啤酒工艺坊
Crooked Stave Artisan Beer Project

谷物

2 棱淡色麦芽（2-row pale malt），1.65 千克（35%）

维也纳麦芽（Vienna malt），1.65 千克（35%）

浅焦香麦芽（Carahell），660 克（14%）

焦香慕尼黑 1 号（Caramunich I），330 克（7%）

特殊深色焦香麦芽（Special B malt），330 克（7%）

焦香特别 2 号去壳麦芽（Carafa Special II dehusked），90 克（2%）

糖化

65℃，保持 30 分钟，再循环 10 分钟；
升至 75～76℃ 进行糖化休止，保持 10 分钟

啤酒花

（熬煮 90 分钟）

6% AA 的啤酒花，11 克，头道麦汁投酒花

6% AA 的啤酒花，11 克，30 分钟

酵母

选用一款高发酵度的酵母进行主发酵，然后加入混合的酒香酵母和乳酸菌

发酵

在标准艾尔发酵温度下完成主发酵，得到较高的发酵度。然后在橡木桶中保持 17～19℃，熟成 12～18 个月。由于保存在桶里的时间较长，在装瓶前需添加酵母（发酵能力强且发酵度高的酵母）

起源 ORIGINS

深色酸艾尔 Burgundy Sour Ale　20 升 | 酒精度 6.5% 　初始比重 1.053 | 最终比重 1.006

　　随着精酿啤酒中酸啤酒越来越受欢迎，一个名字成为现代探索经典比利时和法国啤酒风格的先锋。2010 年，查德·雅各布森（Chad Yakobson）在对发酵科学进行多年研究之后，建立了弯扳手啤酒工艺坊。几乎没有酿酒师有查德那么了解神秘的酒香酵母及其野生亲缘种，故而他的啤酒非常受欢迎，并成为收藏佳品。查德在酿酒时总是带着对传统智慧的尊重和不断发展创新的决心，虽然有的啤酒会有争议，但基本上都受到了肯定。这个配方是查德对经典弗兰德斯红啤的改良版，保留了低调内敛的风格，投放 α 酸度低的啤酒花，如哈勒陶或者它在新世界的亲戚（如胡德山），以免苦度过重。从主发酵开始就需要相应的技巧和对时间的把控。弗兰德斯红啤需要在橡木桶中长时间熟成才能得到独特的酸味、果味或红酒香（也可以用玻璃发酵罐，在罐中浸泡橡木碎屑）。熟成后将不同批次的啤酒混合，以使口味更为平衡、酒体更为复杂——这个过程需要不断实践才能做得更好！

Red,
amber & rye

|

红啤、
琥珀啤酒和黑麦啤酒

焦香麦芽使啤酒具有丰富的棕红色泽及温暖的烤面包风味。

少量的黑麦能够带来明显的泥土味和辛辣味，

已逐渐成为精酿啤酒的主要原料。

琥珀啤酒介于拉格和艾尔之间，

具有明显的麦芽香和适中的酒精度。

铁锚酿酒厂
Anchor Brewing

谷物

2 棱淡色麦芽，4.1 千克（87%）

40 色度的结晶麦芽（Crystal 40L malt），600
克（13%）

糖化

65℃，保持 60 分钟

酒花

美国北酿颗粒（US Northern Brewer pellets）
9.6% AA，14 克，60 分钟

美国北酿颗粒 9.6% AA，7 克，20 分钟

美国北酿颗粒 9.6% AA，14 克，0 分钟

酵母

旧金山拉格酵母（White Labs WLP810 San
Francisco Lager）或加利福尼亚拉格酵母
（Wyeast 2112 California Lager）

发酵

16℃保持 7 天，然后升温至 19℃保持 3 天，
再冷藏约 2 周

铁锚蒸汽啤酒 ANCHOR STEAM BEER

蒸汽啤酒 / 加州啤酒 Steam Beer / California Common　20 升 | 酒精度 4.5%　初始比重 1.050 | 最终比重 1.016

铁锚酿酒厂的故事，就是美国精酿啤酒的故事。1896 年，一位德国酿酒
大师在加利福尼亚州建立了铁锚酿酒厂——那时候所有的啤酒都是精酿啤酒，
想喝别的也没有。禁酒令使铁锚的生产自 1920 年开始停滞，20 世纪 50 年代
末期，美国兴起的拉格啤酒热潮又威胁到了铁锚的生死存亡，但最终铁锚得
以幸存，如今越发风靡于世。铁锚酿酒厂在它可爱的老式旧金山酿酒厂中出
产了几款极好的啤酒，大多继承了酒厂奠基者的先驱精神（自由艾尔是美式
IPA 的蓝图，这种风格至今让人们如痴如醉、欲罢不能；加利福尼亚拉格遵循
了 19 世纪啤酒先锋的标准）。让铁锚品牌一举成名的"蒸汽啤酒"，是 20
世纪 70 年代对加利福尼亚州传统风格的复刻之作，这种风格的啤酒在当时几
近绝迹。如今铁锚拥有自己的酵母菌株，并有量身定制的啤酒花（美国北酿
酒花，特征是具有薄荷味和松脂味）搭配组合。

圣阿诺酿酒厂
Saint Arnold Brewing Company

谷物

赖赫尔 2 棱淡色麦芽（*Rahr 2-row pale malt*），
5.44 千克（79%）

魏尔曼黑麦麦芽（*Weyermann rye malt*），900
克（13%）

魏尔曼焦香黑麦麦芽（*Weyermann CaraRye*），
340 克（5%）

糊精麦芽，114 克（1.5%）

饼干麦芽（*Briess Victory*），114 克（1.5%）

糖化

67℃保持 60 分钟

酒花

（熬煮 60 分钟）

哥伦布（*Columbus*）16% AA，34 克，头道麦
汁投酒花

西姆科（*Simcoe*）13% AA，8.5 克，15 分钟

奇努克（*Chinook*）10.5% AA，6 克，15 分钟

奇努克 10.5% AA，21 克，0 分钟

喀斯喀特（*Cascade*）6.5% AA，21 克，0 分钟

马赛克（*Mosaic*）11.5% AA，64 克，距离最终
比重 0.2 ～ 0.3 时干投

马赛克 11.5% AA，14 克，包装前 5 天低温
干投

酵母

英国艾尔干酵母（*White Labs WLP007 Dry
English Ale*）

发酵

主发酵时保持 21℃，在包装前 7 天降至 0℃
并保持，以使杂质低温沉降

蓝标 BLUE ICON

黑麦 IPA Rye IPA　20 升 | 酒精度 7.8% | 初始比重 1.067 | 最终比重 1.013

　　这又是一个家酿转精酿的典范。1994 年，布洛克·瓦格纳（Brock Wagner）创建圣阿诺酿酒厂的时候还是一名投资银行家，现在这家酒厂已经成为得克萨斯州最老的精酿酒厂，但人们仍会热切地期待它出品新的啤酒，特别是那些限量版。布洛克将生意人的头脑应用到啤酒的制作中，从得克萨斯州一路向南"杀"到佛罗里达州。当然，如果没有好啤酒，再好的商业推广也不过是纸上谈兵，圣阿诺酿酒厂出产的啤酒品质是毋庸置疑的。这个配方的啤酒就出自"标志"系列，使用了两种典型的黑麦——黑麦麦芽和颜色更深、味道更丰富的焦香黑麦——从而调制出了圆润的辛辣风味。这款酒的迷人之处还在于饼干麦芽，这是一款曲奇麦芽，经过轻微的烘烤，从而使啤酒具有烘焙面包风味的同时又不会带来太浓重的颜色。投放的大量啤酒花（特别是最后加入的马赛克啤酒花）使这款啤酒具有真正的西海岸特色。注意，这款啤酒需干投酒花 2 次——温度较高的时候投放一次，低温骤凝沉降的时候再干投一次，从而获得更多的啤酒花油。

意大利，伦巴第
Lombardy, Italy

酿酒拳头
Brewfist

谷物

淡色艾尔麦芽，3.96 千克（80%）

黑麦麦芽（Rye malt），500 克（10%）

焦香麦芽，300 克（6%）

10 色度的结晶麦芽（Crystal malt 10L），100 克
（2%）

小麦麦芽，100 克（2%）

糖化

66℃ 保持 45 分钟，78℃ 保持 5 分钟

啤酒花

摩图伊卡，30 克，10 分钟

哥伦布，8 克，10 分钟

摩图伊卡，30 克，回旋沉淀

哥伦布，8 克，回旋沉淀

摩图伊卡，30 克，酒花干投

哥伦布，15 克，酒花干投

酵母

拉曼诺丁汉艾尔酵母（Danstar Nottingham Ale）

发酵

20℃

起重机 CATERPI LLAR

美式黑麦淡色艾尔 American Pale Ale With Rye　20 升 | 酒精度 5.8% | 初始比重 1.055 | 最终比重 1.011

　　和巴拉丁、大公国一样，酿酒拳头也是意大利啤酒跻身欧洲顶级精酿啤酒之列的有力佐证，不过较之另外两家酿酒厂，酿酒拳头显得少了些"意大利味"。酿酒拳头这名字很拉风，它更专注于酿造美式艾尔啤酒（如太空人 IPA 和 X 光帝国波特），它还与精酿界的大咖合作，如普莱瑞酿造（Prairie）和图乐啤酒（To Øl）。其中，与丹麦啤酒（Denmark's Beer）的合作成就了这款爱丽丝梦游仙境般的配方，其成功的诀窍在于：强劲的麦芽，力度得当的带树脂香的美国哥伦布啤酒花和带热带柑橘芳香的新西兰摩图伊卡啤酒花。这是一个成功示例，向人们展示了即使只是少量地投放黑麦麦芽，也能将其独特的风格融入啤酒中：10% 的比例就能使啤酒增加温和感、泥土味和干爽的辛辣味，但如果黑麦的比例更高的话就会使啤酒的口感过于霸道。建议：这是一款很适合作为处女酿的啤酒，虽然配方只涉及两种啤酒花，但操作的复杂程度也足够让人感受到酿酒的趣味性。

两只小鸟酿酒厂
Two Birds Brewing

澳大利亚，维多利亚，斯波茨伍德
Spotswood, Victoria, Australia

　　大概是因为"只有年轻小伙子才喝啤酒"的固有印象，酿酒行业至今依然是年轻小伙子们的天下。然而非也：纵观全世界，女性越来越多地参与到了糖化、煮沸的工艺当中，同时精酿啤酒界的开放态度有望打破旧时的门槛——无论是对饮家还是酿酒师。但是，完全由女性创办和运营的酿酒厂确实凤毛麟角。杰恩·刘易斯（Jayne Lewis）和丹妮尔·艾伦（Danielle Allen）在游历了美国西海岸的精酿啤酒中心后，于2011年创立了两只小鸟酿酒厂（译者注：其实也有"两个小妞"的意思）。2014年，她们在澳大利亚墨尔本郊区的斯波茨伍德开办了一间可酿可尝的"鸟巢"。当你品尝过她们的啤酒之后就会发现，酒是澳大利亚小伙酿的还是澳大利亚姑娘酿的并不重要——重要的是好喝。两只小鸟酿酒厂的旗舰款黄金艾尔（Golden Ale）、日落琥珀艾尔（Sunset amber ale）和玉米卷啤酒（Taco Beer）都获得了成功。在她们的啤酒屋还能发现更多另类的产品，如大黄塞松、香草可可红艾尔，但如果不能保证品质谈何实验呢？光靠陈年过桶的辛辣三料啤酒是不会赢得99%精酿小白的芳心的。而且在辛苦劳累一天后，你应该也不会有冲动来杯苦度达120的IPA吧？两只小鸟不只为啤酒迷们酿酒，她们志在为所有人酿造啤酒。要做到让所有人认可、赢得奖杯，还要做到逐年扩张，毫无疑问比挑战酿造极限还要困难。

两只小鸟酿酒厂
Two Birds Brewing

谷物

传统艾尔麦芽（Traditional ale malt），2.7 千克
（63%）

慕尼黑麦芽（Munich malt），640 克（15%）

浅色结晶麦芽（Pale crystal malt），340 克（85%）

琥珀麦芽（Amber malt），210 克（5%）

小麦麦芽，210 克（5%）

深色结晶麦芽（Dark crystal malt），80 克（2%）

烤麦芽（Roasted malt），80 克（2%）

糖化

67~68℃，保持 40 分钟

啤酒花

世纪百年，2 克，60 分钟

西楚，7 克，20 分钟

喀斯喀特，7 克，20 分钟

银河（Galaxy），7 克，20 分钟

西楚，5 克，回旋沉淀结束

喀斯喀特，5 克，回旋沉淀结束

银河，5 克，回旋沉淀结束

西楚，13 克，酒花干投

喀斯喀特，13 克，酒花干投

银河，13 克，酒花干投

酵母

美式艾尔酵母（Fermentis US-05 American Ale）

发酵

18℃

日落艾尔 SUNSET ALE
红色艾尔 Red Ale　20 升 | 酒精度 4.6%　初始比重 1.048 | 最终比重 1.014

　　日落艾尔是杰恩和丹妮尔创建两只小鸟酿酒厂后的第二款作品。这是一款美式红色或琥珀色艾尔（这两种类型之间的区别犯不上较劲了吧），但"日落"一词把颜色概括得非常到位了——毫无疑问，这款酒绝对能让牧羊人爽歪歪。丰满馥郁的口感、曲奇焦糖的风味（来自慕尼黑麦芽和琥珀麦芽），同时伴有美国啤酒花和当地啤酒花的柑橘芳香，使这款酒赢得了澳大利亚众多大奖。相较于淡色艾尔，琥珀 / 红色艾尔酒体更饱满，加入了更多麦芽，但仍是一款适饮、解渴的啤酒——同夏日艾尔一样，都适合在澳大利亚炎热的气候下饮用。麦芽组合中的少量小麦使日落艾尔的香味从满杯到最后一口始终萦绕嘴边，煮沸结束时投放的西楚、喀斯喀特和银河 3 种酒花组合使这款酒在收口时芳香四溢。杰恩曾是野山羊啤酒（Mountain Goat）的酿酒师。同野山羊啤酒的逃亡艾尔一样，日落艾尔也代表了澳大利亚淡啤艾尔所有的优良品质。

爱尔兰，米斯郡，特里姆
Trim, County Meath, Ireland

布鲁
Brú

谷物

爱尔兰淡色艾尔麦芽（Irish pale ale malt），3.47
千克（86%）

150 色度的结晶麦芽（Crystal 150L malt），
280 克（7%）

烤小麦（Torrified wheat），280 克（7%）

糖化

70℃，保持 60 分钟

啤酒花

马格南，27 克，60 分钟

喀斯喀特，20 克，10 分钟

喀斯喀特，20 克，0 分钟

酵母

拉曼诺丁汉艾尔酵母或诺丁汉艾尔酵母（White
Labs WLP039 Nottingham Ale）

发酵

25℃

红 RUA

爱尔兰红色艾尔 Irish Red Ale　20 升 | 酒精度 4.2%　初始比重 1.044 | 最终比重 1.011

　　这个酒厂的名字和你想象的一样：源自著名的盖尔人文化遗址——博因宫（Brú na Bóinne），是位于爱尔兰米斯郡都柏林北部的一处史前古墓。在这么一个精酿啤酒历史较短而精酿水平却非常高的国家，布鲁一边着眼于传统酿造，一边纵观全球——请注意爱尔兰干性世涛和这款红色艾尔的市场占有率。爱尔兰红色艾尔是一款独特的啤酒，有点类似于苏格兰艾尔（比大部分英式苦啤绵密细腻），温和适饮，可以一下喝好几升；淡色麦芽和深色结晶麦芽的搭配组合使这款酒呈现深黄铜色泽。标准的爱尔兰红色艾尔啤酒花的味道并不突出，但布鲁出品的"红"是一款现代演绎版的爱尔兰红色艾尔，添加了充满花香和果香的经典美国喀斯喀特啤酒花。虽然这样似乎有点"乱来"，但这不正是精酿啤酒的精神吗？酿酒师们建议在煮沸结束前 10 分钟投放 4 茶勺爱尔兰苔藓，以保持啤酒清澈，并在 25℃下发酵，这样会创造出大量酯类聚合物，以增加啤酒花的芳香、强化风味。

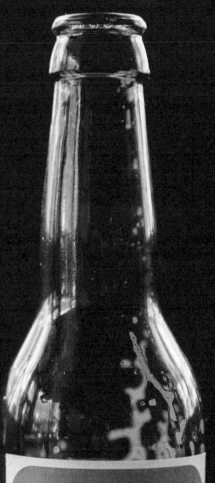

BREWERS RESERVE

{ }

★

LA

RYE IPA
INTENSELY HOPPY

NET CONTENTS 0,33 L

8,5%

莱尔维克啤酒厂
Lervig Aktiebryggerie

黑麦 IPA RYE IPA

黑麦 IPA Rye IPA　20 升 | 酒精度 8.5%　初始比重 1.076 | 最终比重 1.013

谷物

皮尔森麦芽，*4.93 千克（74%）*

黑麦麦芽，*1.27 千克（19%）*

燕麦（*Oats*），*200 克（3%）*

10 色度的结晶麦芽，130 克（2%）

150 色度的结晶麦芽，370 克（2%）

糖化

61℃ 投料，68℃ 保持 45 分钟，升温至 78℃ 进行糖化休止

啤酒花

选择一款优质苦型啤酒花使苦度达到 65 IBU，如 *65 克 10% AA* 的啤酒花，熬煮 *60* 分钟

世纪百年，*24 克，30 分钟*

奇努克，*29 克，15 分钟*

西楚，*29 克，10 分钟*

西姆科，*29 克，0 分钟*

西姆科、西楚和世纪百年，每种 *29* 克，酒花干投

酵母

美式艾尔菌种（*American ale strain*）

发酵

20℃

　　麦克·墨菲（Mike Murphy）是欧洲最棒的流动酿酒师之一。他来自美国宾夕法尼亚州——那是美国有关酒精的法律最严苛的地方。在成为家酿爱好者之后，他在意大利和丹麦进行专业酿酒工作（包括为米奇乐酿酒），最后他成为挪威西南部莱尔维克的酿酒大师，莱尔维克现在已经是挪威最大、最好的酿酒厂之一。典型的国际化斯堪的纳维亚风格之下，麦克与不计其数的酿酒厂合作过（如莱尔维克和北极合作的帝国波特）。现在，他正致力于将挪威啤酒保持在世界精酿啤酒的地图上，如嘉士伯最擅长的皮尔森、幸运杰克的 APA（美式淡色艾尔），甚至是这款黑麦 IPA。为了喝起来类似双料 IPA，口感要足够浓烈；为了调和啤酒花的苦度和独特的黑麦风味，酒精度要足够高。在一些麦芽组合中，黑麦的比例可以高达 50%，但这款啤酒中黑麦的比例只占了不到 20%，从而使黑麦干爽的辛辣味道精细而突出。一些人会将黑麦与其他谷物分开，单独磨碎以便得到更精细的黑麦。

澳大利亚，维多利亚，里士满
Richmond, Victoria, Australia

野山羊啤酒
Mountain Goat Beer

逃亡艾尔 HIGHTAIL ALE

英式改良淡色艾尔 British-Inspired Pale Ale　20 升 | 酒精度 4.5%　初始比重 1.043 | 最终比重 1.009

谷物

淡色麦芽, 2.55 千克（69%）

慕尼黑麦芽, 510 克（14%）

中深结晶麦芽（Medium crystal malt）, 240 克
（8.5%）

小麦麦芽, 200 克（5.5%）

深色结晶麦芽, 80 克（2%）

烤麦芽, 30 克（1%）

糖化

67.5℃，保持 30 分钟

啤酒花

灵伍德之傲慢（Pride of Ringwood）, 20 克,
60 分钟

喀斯喀特, 50 克, 0 分钟

银河, 10 克, 0 分钟

酵母

美式艾尔酵母（Wyeast 1056 American Ale）

发酵

21℃

　　澳大利亚人有个习惯，喜欢把英国人的发明拿过来，然后不遗余力地改良出新。板球就是个典型案例，还有橄榄球，野山羊啤酒的逃亡艾尔也是其中一种。维多利亚的酿酒厂将经典的英式苦啤进行全套的澳大利亚式改良，保留了原有的温暖麦芽和其他原料的平衡比例，让这款酒依然是精良适饮的淡啤，但加入了大量的新世界啤酒花（"灵伍德之傲慢"是澳大利亚一款典型的早投型啤酒花）。同时，由于混合结晶麦芽和小比例小麦麦芽的作用，它的酒体是饱满的。作为澳大利亚最早的新风尚精酿啤酒厂（1997 年创立），野山羊啤酒用了很长时间来完善逃亡艾尔和其他二线酒款，如新世界夏日艾尔（New World Summer Ale）或漂亮裤子琥珀艾尔（Fancy Pants Amber Ale）。如果你有机会到墨尔本的内陆地区，一定要去里士满的山羊酒吧，试试酒牌上的全部酒款，尤其是限量版"稀有物种"（Rare Breed）。最后送上一个山羊酿酒师戴夫的小窍门："泡沫适度，趁新鲜喝！"对了，逃亡艾尔适合在看板球的时候喝。

Pale ale,
IPA & lager

|

淡色艾尔、
IPA 和拉格

———

淡色艾尔是一种非常平衡的啤酒，
适饮，伴有啤酒花的芳香。
IPA 的啤酒花更加浓重，酒精度更高，
最初是出于在长途海运过程中保鲜的目的，
所以通常会在酿造过程中干投酒花。
拉格干净、清爽，
大都是用下层发酵的酵母制作的。

邪恶双子
Evil Twin

谷物

加拿大皮尔森麦芽（*Canadian pilsner malt*），1.75
千克（66%）

27色度的托马斯福西特淡色结晶麦芽（*Thomas
Fawcett pale crystal malt 27L*），300 克（11%）

魏尔曼焦香麦芽（*Weyermann Carafoam*），
250 克（10%）

10 色度的魏尔曼或慕尼黑麦芽（*Weyermann or
Munich malt 10L*），250 克（10%）

燕麦片（*Flaked oats*），75 克（3%）

糖化

67℃保持 20 分钟，69℃保持 20 分钟，升温
至 76℃进行糖化休止

啤酒花

西姆科 13% AA，23 克，60 分钟

西姆科，10 克，15 分钟

喀斯喀特，10 克，15 分钟

驯鹰人的飞行颗粒（*Falconer's Flight pellets*），
20 克，5 分钟

驯鹰人的飞行颗粒，10 克，1 分钟

驯鹰人的飞行颗粒，34 克，酒花干投

西姆科，17 克，酒花干投

酵母

美式艾尔酵母（*Wyeast 1056*）

发酵

21℃

比基尼啤酒 BIKINI BEER

美式 IPA   American IPA   20 升 | 酒精度 2.7% | 初始比重 1.026 | 最终比重 1.006

　　"双子"之一是开拓型的丹麦"吉卜赛"酿酒师杰普·贾尼特－毕厄索（Jeppe Jarnit-Bjergsø），另一个是米克尔·博格·毕厄索（Mikkel Borg Bjergsø），同样是开拓型的丹麦"吉卜赛"酿酒师，也是米奇乐的创始人。现在两人之间隔着大洋，因为杰普将自己对啤酒的奇思妙想带到了纽约布鲁克林，其中包括天才猩猩先生橙子世涛（The Talented Mr Orangutan orange stout）以及瑞安和戈斯林淡色艾尔（Ryan and the Gosling pale ale）。这款比基尼啤酒更适合睡前饮用——虽然它只有 2.7% 的酒精度，但却有着浓重的啤酒花味，大部分来自驯鹰人的飞行啤酒花，以及混合了西姆科、西楚、空知王牌以及其他啤酒花的浓香四溢的西北太平洋颗粒。比基尼啤酒是一款可以喝上一整天的夏日淡啤。我们也可以从杰普的酿造思路中获益良多。"我的酿造理念非常简单，"他在 2011 年接受采访的时候说，"我不太在乎过程，也不在乎用什么酵母或操作对不对，我只在乎结果。"

译者注：　"吉卜赛"酿酒师是指没有自己的酒厂，只提供配方在代工厂生产啤酒的
　　　　　酿酒师，为北欧"盛产"。

巨型酿造公司
Gigantic Brewing Co

美国，俄勒冈州，波特兰
Portland, Oregon, USA

作为一个杰出的专业酿酒师会有个困扰：当你制作了一款精彩绝伦的啤酒，人人都爱喝；于是你又做了很多，然后都被喝掉；你继续做，再做，还做……等你反应过来的时候，发现自己一直在重复做同一款酒……这大概就是为什么才华横溢的精酿啤酒师都喜欢不断试验，挑战啤酒极限的原因。但是在俄勒冈州的波特兰，一对历经岁月考验的酿酒师找到了解决方法：制作一些啤酒，卖完之后，再做些不一样的。这的确是个法子，能够解决酿酒厂的枯燥乏味。但这需要有强大的自信去告诉人们："上一批啤酒喝着确实不错，但这款新的喝起来肯定更棒。"而要将上一周的啤酒配方发布在网站上分享给所有人，则需要更强大的自信。

在行业内浸淫几十年之后，巨型酿造公司的创始人本·洛夫（Ben Love）和范·哈维格（Van Havig）想要返璞归真，从公司紧张的管理中解放出来，从而能专心于更有意思的部分——酿酒。他们的第3款酒"终极理由"（The End of Reason）是一款烈性深色比利时风格艾尔。第24款酒"管扳手"（Pipewrench）是一款在老汤姆琴酒酒桶中过桶的IPA。第16款酒不得了呢，是一款英式淡色艾尔，不仅每一批啤酒的瓶都不一样，酒标的设计也不重样。巨型酿造公司是波特兰设计博物馆的官方啤酒赞助商，所以你可以大开眼界——每一次发售的酒标都由不同的设计师完成。虽然这不是最经济划算的推广方式，但绝对是最酷的！

巨型酿造公司
Gigantic Brewing Co

谷物

大西北淡色艾尔麦芽（*Great Western Northwest Pale Ale malt*），5.7 千克（89%）

魏尔曼慕尼黑 1 号麦芽（*Weyermann Munich malt I*），270 克（4%）

糖化

65℃ 保持 60 分钟

啤酒花

马格南，12 克，90 分钟

喀斯喀特，80 克，15 分钟

喀斯喀特，55 克，0 分钟

水晶（*Crystal*）、马赛克和西姆科，每种 30 克，0 分钟；在冷却前保持 45 分钟

喀斯喀特，40 克，酒花干投 1（到达最终比重一天后投入）

西楚，20 克，酒花干投 1

西姆科，20 克，酒花干投 1

喀斯喀特，40 克，酒花干投 2（酒花干投 1 之后两天投入）

西楚，20 克，酒花干投 2

西姆科，20 克，酒花干投 2

酵母

苏格兰艾尔酵母（*Wyeast 1728 Scottish Ale*）

发酵

20℃

其他配料

粗糖，480 克（7%），煮沸时加入

怒大个儿 GINORMOUS

帝国 IPA Imperial IPA   20 升 | 酒精度 8.8%   初始比重 1.078 | 最终比重 1.012

这款怒大个儿美式帝国 IPA 是巨型酿造公司全年都有售的酒款。此酒如其名——为酒花而生，7 款超级霸道的啤酒花粉墨登场。所以这款酒非常不适合作为你的首酿酒款。这款酒用了大量麦芽，但不是为了平衡风味。糖是为了提高酒精度，并确保麦芽的甜度不会受影响——IPA 的酒体是很干的。这么大比例的谷物要小心处理，而且这么多酒花干投，酿造时的损耗会很多。巨型酿造公司的本对煮沸结束时的苦度颇有心得："在开始时啤酒花要少放，然后在结束前多放。煮沸结束时添加大量 α 酸含量高的啤酒花会大大增加苦度——特别是如果在冷却之前酒花驻留 45 分钟的话。"45 分钟的酒花驻留？本是个专家——请注意！而且也别舍不得放酵母。保鲜期间，需要多准备一些酵母（可能会额外用掉半包酵母），可以考虑制作酵母起子。

索恩桥啤酒厂
Thornbridge Brewery

谷物
玛丽斯奥特淡色艾尔麦芽（*Maris Otter pale ale malt*），4.65 千克（100%）

糖化
67 ～ 69℃ 保持 60 分钟

啤酒花
马格南，*17 克，60 分钟*
纳尔逊苏维浓，*50 克，回旋沉淀*

酵母
加利福尼亚艾尔酵母（*White Labs WLP001 California Ale*）

发酵
20℃

吉卜林 KIPLING

南太平洋淡色艾尔 South Pacific Pale Ale　20 升 | 酒精度 5.2%　初始比重 1.050 | 最终比重 1.011 ～ 1.012

　　美丽的皮克山区小镇贝克韦尔就处在英国的中心位置。这个地方因两个东西而闻名：一是贝克韦尔布丁（一种美味的果酱奶黄挞）；另一个就是索恩桥啤酒厂出产的美妙绝伦的啤酒。从扎根款酒——庄严的"索恩桥走廊"（Thornbridge Hall），到今日出口全球各地的先进技术，一路横扫各大啤酒奖项，酒厂出品的各种风格的啤酒几乎都有粉丝拥趸。吉卜林是一款淡色艾尔，原料至简，但千万不要误以为酿造它是一件很简单的事。配方中只有一种麦芽、两种啤酒花，精良的酿造工艺才能配得上玛丽斯奥特（英国大麦品种）淡色麦芽和具有葡萄/醋栗风味的著名新西兰纳尔逊苏维浓酒花。就如何使苦度与苏维浓酒花完美平衡，索恩桥啤酒厂的酿造大师罗布·洛瓦特（Rob Lovatt）有个秘诀：保持纳尔逊苏维浓的用量，将苦度调至 40 ～ 45 EBU。（EBU 是欧洲苦度单位，除了一些轻微差别，基本与 IBU 无异。）

废弃厂啤酒
Boneyard Beer

谷物
淡色艾尔麦芽，*6.77 千克（82%）*
慕尼黑麦芽，*250 克（3%）*
大麦麦片（*Flaked barley*），*250 克（3%）*
酸化麦芽（*Acidulated malt*），*120 克（1.5%）*

糖化
64~65.5℃保持60分钟

啤酒花
法格（*Fuggles*），*13 克，头道麦汁投酒花*
二氧化碳 α 酒花油（*CO_2 alpha hop oil*），
1.5 克，60 分钟
西楚，*5 克，20 分钟*
马赛克，*5 克，20 分钟*
西楚，*5 克，10 分钟*
马赛克，*5 克，10 分钟*
二氧化碳 α 酒花油，*1.5 克，5 分钟*
西楚，*5 克，0 分钟*
马赛克，*5 克，0 分钟*
西楚，*25 克，回旋沉淀*
马赛克，*25 克，回旋沉淀*
西楚、马赛克，*每种20 克，酒花干投 1（首
次排出酵母时）*
西楚、马赛克，*每种53 克，酒花干投 2（酒
花干投 1 之后两天）*

酵母
伦敦增强特苦啤酵母（*Wyeast 1968 London
ESB Ale*），*2 包*

发酵
*在 22℃时开始发酵，可能的话每 24 小时升温
0.5℃直至 23℃*

其他配料
葡萄糖，*980 克（12%）*

臭名昭著 NOTORIOUS
三料 IPA　Triple IPA　20 升 | 酒精度 11.5% | 初始比重 1.100 | 最终比重 1.012

　　废弃厂是一个退役的飞机、汽车、自行车、引擎——任何金属机械——堆放、拆卸和原料回收的地方。这也是托尼·劳伦斯（Tony Lawrence）在俄勒冈州的酿酒厂的名字。2010 年，这家酿酒厂由两名创始人共同建立。托尼在酿造业有着良好的履历，他在本德市中心用自己从整个北美收集来的旧设备开始酿造自己的啤酒。当他搬到更大的场地之后，对设备进行了升级，但他依然有着收集旧设备的癖好。俄勒冈州和太平洋西北部是真正的啤酒花国度，这款大家都交口称赞的三料 IPA 使它们有了一个扬名立万的机会：废弃厂大把地投放啤酒花，比单腿运动员跳蹦床还狠。酒杯中如此完美和谐是很难做到的，重料的麦芽组合（包括大麦片），如果不小心洗糟就会导致麦芽结块，而且整桶的西楚和马赛克啤酒花意味着你在干投酒花的时候会造成大量麦汁损耗（虽然酒花油到时候会剩下不少）。酵母也要放手一搏——"酵母接种得特别狠，要使劲地给氧！"托尼说。

米奇乐
Mikkeller

丹麦，哥本哈根
Copenhagen, Denmark

如果有人想在全世界酿酒师中做个调查，推选出他们最尊重和敬仰的同行，其中一定会有米克尔·博格·毕厄索（曾是丹麦的一名老师）。2006 年，米克尔和朋友一起在哥本哈根创建了米奇乐。基于美国微酿啤酒的开创性原则，米克尔展望国际，绘制了当时全球精酿啤酒的改革蓝图。首先，米奇乐用顶级的原料，制作了数百种大胆创新的啤酒，其中包括平实的美国本土的美式 IPA 和在橡木桶二次发酵的蓝莓酸啤酒。米奇乐的平常酒款绝对是其同类中的翘楚，而他的实验性酒款几乎就像是装在瓶里的想象力——需要有挑战者的勇气才敢尝试，但凡是喝过的人都很喜欢。米克尔差不多是最早的一批"吉卜赛"酿酒师，没有固定的厂房，只是设计配方，在别的地方完成酿造。他对酿酒的态度比较松散，与科学的严谨态度和对啤酒的独占心理相比，他更注重酿酒时的乐趣和创造力，以及针对啤酒的社会交流。他经常与来自澳大利亚、欧洲和美国的志同道合的酿酒师合作。米奇乐的酒标与啤酒本身一样广受欢迎，因为米克尔会将对酒的艺术思想投注到酒标上，再由美国艺术家基思·肖尔（Keith Shore）绘制。米克尔目前在很多地方都开了酒吧，甚至远到曼谷。尽管米奇乐只是一个品牌，其啤酒在全世界 40 多个国家有销售，但依然保持了斯堪的纳维亚的那股子酷劲儿和反体制的思潮。此外，他们每年都会举办"哥本哈根啤酒庆典"（Copenhagen Beer Celebration），那几乎是附近最受欢迎的节日了。

米奇乐
Mikkeller

谷物

皮尔森麦芽，1.2 千克（30%）

淡色麦芽，1.2 千克（30%）

玉米片（Flaked corn），680 克（17%）

糊精麦芽，260 克（6.5%）

燕麦片，260 克（6.5%）

维也纳麦芽，200 克（5%）

慕尼黑麦芽，200 克（5%）

糖化

67℃保持 75 分钟

74℃保持 15 分钟

啤酒花

哥伦布 13% AA，20 克，60 分钟

阿马里洛 6.5% AA，25 克，15 分钟

阿马里洛 6.5% AA，30 克，酒花干投

挑战者（Challenger）7.6% AA，30 克，酒花干投

酵母

奶油艾尔混合酵母（White Labs WLP080 Cream Ale Yeast Blend）

发酵

18 ~ 22℃

奶油艾尔 CREAM ALE

奶油艾尔 Cream Ale　20 升 | 酒精度 5.0%　初始比重 1.047 | 最终比重 1.009

　　这款奶油艾尔是米奇乐相对成熟的产品，是一款会让人瞠目结舌的啤酒，同时也是米奇乐的啤酒中非传统类型的典范。奶油艾尔是一款相对少见的啤酒类型，源自美国，并且被称赞是介于拉格和艾尔之间的美妙平衡。它和艾尔一样是上层发酵的，但有轻微的麦香和清脆的收口。这款酒中添加了玉米片（由于玉米是美国商业拉格的廉价替代原料，常让人们产生负面联系，但这款酒证明了玉米并不一定是不好的），使啤酒更清澄柔滑，让啤酒花味更易入口，同时糊精麦芽也使得酒头更丰满。酵母使用的是拉格和艾尔混合后的高发酵度组合，并且伴随迷人的果香。一些酿酒师会在发酵末期采用低温处理，以获得格外清澈的酒体和更加顺滑的口感。米奇乐的奶油艾尔由于投放了阿马里洛啤酒花而带有明显的橙果香味——虽然不是这种啤酒的"标准"特性，但精酿啤酒就是要有点实验性嘛。二氧化碳充足的话，啤酒会获得超级清爽的杀口感。

卡姆登镇酿酒厂
Camden Town Brewery

谷物

魏尔曼皮尔森麦芽，4 千克（75%）

慕尼黑麦芽，1.07 千克（20%）

糊精麦芽，270 克（5%）

糖化

如果是单次出糖，在 67℃ 时投料，保持 70 分钟。如果是多次出糖，在 50℃ 时投料，升温至 62℃，保持 60 分钟，再升温至 72℃，保持 10 分钟。升温至 78℃ 进行糖化休止。

啤酒花

马格南 12.7% AA，17 克，60 分钟（至苦度达 25 IBU）

西姆科 13.9% AA，9 克，10 分钟

奇努克 13.9% AA，9 克，10 分钟

马赛克 11.2% AA，11 克，10 分钟

西姆科 13.9% AA，7 克，0 分钟

奇努克 13.9% AA，17 克，0 分钟

马赛克 11.2% AA，9 克，0 分钟

奇努克、西姆科和马赛克，每种 80 克，酒花干投

酵母

弗曼迪斯酵母（Fermentis Saflager W-34/70）

发酵

保持 10 ~ 12℃，直到发酵过程完成一半，然后升温至 14℃ 直到主发酵结束。主发酵完成后在 14℃ 下保持 72 小时以进行双乙酰还原。双乙酰还原完成后，倒入另外的容器干投酒花。如果想要加强酒香，可以按每升 2 克的量干投酒花，保持较高的温度 24 ~ 48 小时。然后在冰箱里存储大约 2 周

印度淡色拉格 INDIA HELLS LAGER

酒花淡色拉格 Hopped Helles Lager　20 升 | 酒精度 7.2% 初始比重 1.060 | 最终比重 1.012

2010 年，澳大利亚人贾斯珀·卡佩奇（Jasper Cuppaidge）创建了卡姆登镇酿酒厂，在此之前他在伦敦北部的汉普斯特德的马蹄铁酒吧酿过酒。当时的他在伦敦的精酿啤酒业中也算早期玩家了。从创建以来，卡姆登镇酿酒厂高速扩张，通过众筹获得了几百万英镑的资本，并且征服了国外市场。但真正让它不同于其他酒厂的地方在于它对于拉格啤酒的投入。正是因为它倾心于不断对外扩张而被广大精酿爱好者所嫌弃，从而被人所忽视。但如果做得好，就像卡姆登镇酿酒厂一直以来做的那样，一款好的拉格也会让人感到美妙无比。淡色拉格是它的现代经典款酒，而这款印度淡色拉格则是一款更有个性的啤酒——投入了大量的啤酒花，但口感依然干净、柔滑和平衡。在家酿制拉格时需要精确地控制温度，可以用浸入式冷却器，也可以用冰箱。通过自己酿造一款拉格，你会广受称赞，并且让你在夏日里变得极受欢迎。如果你有机会去卡姆登镇酿酒厂的话，它自己的精酿酒吧也是个值得参观的好去处。

费尔斯通沃克酿酒公司
Firestone Walker Brewing Company

谷物
2 棱美国淡色麦芽，5.18 千克（86%）

慕尼黑麦芽，360 克（6%）

糊精麦芽，300 克（5%）

30 ~ 40 色度的辛普森结晶麦芽（Simpsons crystal malt 30 ~ 40L），180 克（3%）

糖化
00℃，然后 68℃ 里完成糖化

啤酒花
马格南 15% AA，35 克，90 分钟

喀斯喀特 6% AA，32 克，30 分钟

世纪百年，32 克，15 分钟

喀斯喀特，30 克，回旋沉淀

世纪百年，30 克，回旋沉淀

世纪百年、喀斯喀特、西姆科和阿马里洛，共 75 克（同样量的世纪百年和喀斯喀特，相对少一点的西姆科和阿马里洛），主发酵结束时酒花干投

第一次酒花干投后 3 天，再重复一次操作

酵母
伦敦艾尔酵母（White Labs WLP013 London Ale）

发酵
19℃，发酵完成后低温沉降

米字旗 UNION JACK

西海岸 IPA   West Coast IPA   20 升 | 酒精度 7.5%   初始比重 1.068 | 最终比重 1.012

　　亚当·费尔斯通（Adam Firestone）出身于加利福尼亚州的葡萄酒制作行业，戴维·沃克（David Walker）是他的英国妹夫。费尔斯通沃克酿酒公司这个阳光加州与阴雨英伦的组合（在商标上分别用棕熊和狮子作标志），一直以来也是掌奖拿到手软（本页真的没有足够的地方来展示它的奖状墙）。它使用一种独特的来自特伦特河畔柏顿的传统橡木桶循环系统来对一些啤酒进行发酵，如它的旗舰产品双倍过桶艾尔（Double Barrel Ale）——麦汁在木桶中放置6 天后再倒入不锈钢发酵桶来完成后续流程。但这款无与伦比的经典西海岸IPA 是在不锈钢发酵桶中完成的，所以你也可以自己在家试试看。这款酒中投入了苦味啤酒花和美国的高香度啤酒花种类。在双倍干投酒花方面，酿酒大师马特·布赖尼尔森（Matt Brynildson）是个大行家，他几乎对所有的细节了如指掌。"我坚信麦汁和啤酒花接触的时间不能太长，不要超过三天。"他说，"如果开始有蔬菜的味道，那么啤酒花干投的时间就太长了。注意要得到干净、果汁型的酒花油。"

俄罗斯河流酿酒公司
Russian River Brewing Company

谷物
赖赫尔淡色艾尔麦芽（Rahr pale ale malt），
2.01 千克（51.5%）

赖赫尔 2 棱麦芽（Rahr 2-row malt），1.66 千
克（42%）

魏尔曼酸化麦芽（Weyerman acid malt），120
克（3%）

布雷斯糊精精麦芽（Breiss carapils），100克（2.5%）

60 色度的辛普森结晶麦芽（Simpsons crystal
malt 60L），30 克（1%）

糖化
69℃保持 60 分钟

啤酒花
HBC-438 15.7% AA，3 克，90 分钟

HBC-438，14 克，15 分钟

HBC-438，60 克，0 分钟

HBC-438，73 克，酒花干投 1（10 天后）

HBC-428，73 克，酒花干投 2（第一次干投酒
花的 15 天后，排出酒花再干投）

酵母
加利福尼亚艾尔酵母（WLP001 California Ale）

发酵
18℃；10 天后排出酵母；第 18 天降温至 0℃；
第 21 天使用凝胶或相似品来澄清，之后倒罐
并充入二氧化碳

墨西哥罗恩 RON MEXICO
实验酒花美式淡色艾尔 Experimental-Hopped American Pale Ale
20 升 | 酒精度 4.5%　初始比重 1.045 | 最终比重 1.012

　　在啤酒界有一些偶像级款，比如小普林尼（Pliny the Younger）。每年 2
月，当这款三料 IPA 在圣罗莎县的俄罗斯河流精酿酒吧开售时，人们会不远
万里地赶来，尝一尝这"世界最棒的啤酒"。但只关注普林尼的话，会错失
俄罗斯河流酿酒公司真正让人刮目相看的部分：创始人文尼·西勒佐（Vinnie
Cilurzo）在啤酒的酸化和熟成方面是大师级人物，已经出品过 600 多桶啤酒；
他也是当今最无私、最博学，并广受人们尊重和爱戴的酿酒师之一。这款配
方体现了他与啤酒花种植者和家酿爱好者之间的关系：2015 年，他为了参加
圣迭戈的家酿爱好者大会，采用 HBC-438 啤酒花创造了这款酒——HBC-438
是一种实验品，当时还没来得及正式命名（不过大家都称其为"墨西哥罗恩"）。
那时这款酒花的量很少，只够让一些热衷于精酿的人用来做发明创新。"酿
酒师在制作单一酒花啤酒时可以用任何啤酒花来代替 HBC-438。"文尼说，"我
们俄罗斯河流酿酒公司也曾酿过类似的酒款，叫作"酒花 2 号"，用来测试
新的啤酒花品种。"所以，让我们来跟墨西哥罗恩"切磋"一下吧，也可以
用"#07270"、"527"或"342"，探索一下为什么每种啤酒花都会有自己
的亮点。

译者注：该酒厂出品的老普林尼（Pliny the Elder）被认为是双料 IPA 的始祖，后来它
又推出了小普林尼。这两款酒的名字分别是古罗马皇帝维斯帕先时期的两
位历史人物，小普林尼是老普林尼的外甥，老普林尼因撰写《自然史》而
名垂青史。文中提到的"只关注普林尼"，应该是指这两款酒。

酿酒狗
Brewdog

英国，埃伦
Ellon, Scotland

　　2007 年，詹姆斯·瓦特（James Watt）和马丁·迪基（Martin Dickie）在苏格兰东北部的阿伯丁郡创办了一间小酿酒坊，他们雄心勃勃：要狠狠地震撼啤酒世界！不得不说他们成功了。他们从一开始就奉行着一项使命：无论何种啤酒，都要完虐那些平庸之辈。尽管他们出产的啤酒并不是以所有人的喜好为准，却从来没有让人失望过。他们始终坚持啤酒的浓郁风味，让每个人都能尽情地享用，如啤酒花爆发的电钻 IPA（Jackhammer IPA），或柔和、颜色浓重如史诗般的巧克力变态俄罗斯帝国世涛（Cocoa Psycho Russian imperial stout）。酿酒狗从不畏惧挑战精酿啤酒的极限，他们曾推出清淡似甘泉的保姆式国家淡色艾尔（Nanny State pale ale，酒精度 0.5%）；也曾创造出历史终结者（End of History）这种加入了荨麻和杜松子、酒精度比大部分威士忌都高（55%）的比利时艾尔，甚至酒瓶还装在动物标本里。目前，从伯明翰到巴西，全世界有将近 30 个酿酒狗酒吧，啤酒出口到 50 多个国家。他们在俄亥俄州的哥伦布市建立了一家酿酒厂，以便将最新鲜的啤酒供应到整个美国。他们还发起了一项创纪录的众筹活动，将他们的粉丝变成了投资人。他们是英国发展速度最快的品牌之一。在 20 年内，酿酒狗的传奇就被带进了 MBA 的课堂，更重要的是，酿酒狗的啤酒还那么好喝。

酿酒狗
Brewdog

朋克 IPA PUNK IPA

IPA　20 升 | 酒精度 5.6% | 初始比重 1.054 | 最终比重 1.012

谷物
淡色艾尔麦芽，4.4 千克（92.5%）

焦香麦芽，360 克（7.5%）

糖化
63℃时投料，保持 15 分钟。升温至 75℃，保持 15 分钟（用碘检验）。升温至 78℃出麦汁

啤酒花
阿塔纳姆（Ahtanum），2 克，80 分钟

奇努克，8 克，15 分钟

阿塔纳姆，10 克，15 分钟

阿塔纳姆，6 克，回旋沉淀

奇努克，4 克，回旋沉淀

西姆科，10 克，回旋沉淀

纳尔逊苏维浓，5 克，回旋沉淀

阿塔纳姆，40 克，酒花干投

奇努克，50 克，酒花干投

西姆科，40 克，酒花干投

纳尔逊苏维浓，20 克，酒花干投

喀斯喀特，40 克，酒花干投

酵母
美式艾尔酵母（Wyeast 1056）

发酵
119℃保持 5 天，14℃干投酒花保持 5 天，降至 0℃后熟成 15 天

如果你现在不是正在喝朋克 IPA，你认识的人里一定有人在喝。这款酒在全世界的商店、超市、进口瓶装啤酒商店、酒吧都有销售。酿酒狗在 2007 年创立之初就是用这款酒起步的：在沉默寡言的英国人中，很少有人尝过这么鲜爽、这么自信、每一口都这么浓香四溢的啤酒。老实说，英国人一开始不太敢尝试这款酒，但是很快大家都爱上了它，其他国家的啤酒粉也纷纷拜倒在它的脚下。朋克 IPA 绝对是一款经典的精酿啤酒：清爽而饱满，浓烈到让人入口难忘；适饮，可以连续喝上好几瓶；得益于啤酒花，使其带有松香、热带水果香、花香和柑橘香——有 6 种啤酒花，包括西北太平洋的阿塔纳姆和喀斯喀特，还有独一无二的新西兰纳尔逊苏维浓。使用的麦芽比例稳定，虽然简单但能让所有原料大放异彩。如果你自己酿造的啤酒能够达到原版 10% 的水平，那你就算是厉害的。在这个大部分酒杯里都装着乏味啤酒的时代，朋克 IPA 依然算是叛逆者中的佼佼者。

译者注：　西北太平洋，特指位于太平洋西北岸的俄勒冈州和华盛顿州，美国的大部分啤酒花都产自这里。

海妖手工酿造
Siren Craft Brew

谷物

玛丽斯奥特淡色麦芽，*2.66 千克（71%）*

燕麦麦芽，*520 克（14%）*

小麦麦芽，*260 克（7%）*

浅焦香麦芽，*260 克（7%）*

焦香香麦芽（*Caraaroma*），*40 克（1%）*

糖化

68℃保持 *60 分钟*（如果可以的话，推荐再循
环 *45 分钟*）

啤酒花

（熬煮 *70 分钟*）

马格南，*7 克，60 分钟*

喀斯喀特，*20 克，10 分钟*

喀斯喀特，*20 克，0 分钟*

帕利塞德，*16 克，0 分钟*

哥伦布，*12 克，0 分钟*

酵母

美式艾尔酵母（*Fermentis US-05*）

发酵

20℃

暗流 UNDERCURRENT

燕麦淡色艾尔 Oatmeal Pale Ale　20 升 | 酒精度 4.5%　初始比重 1.044 | 最终比重 1.010

　　达隆·安莱（Darron Anley）在伯克郡建立的酿酒厂在开业两年内就在
"Ratebeer.com"的年度饮家调查中被评选为最佳新秀的第二名。热爱海妖的
人们都痴迷于它对非传统啤酒的大胆尝试和投入。海妖推出的限量版中有一
款与欧米尼珀罗合酿的桃子奶油 IPA，还有一款用酒香酵母酿制的过桶小麦
啤酒。酿造实验性酒款要建立在对酿酒流程的充分理解上——这款暗流是一
款超常发挥的日常饮用啤酒典范。小麦麦芽和浅焦香麦芽使这款酒的酒体加
强、颜色加深，还使用了不太常见的燕麦麦芽，使啤酒具有温暖的风味——
燕麦麦芽能与各种风格的啤酒搭配良好，但用在淡色艾尔上却是一种创新。
这也是本书收录的酒方中唯一一款使用了西北太平洋帕利塞德啤酒花的啤酒。
这款啤酒花能够带来"甘甜花蜜"的水果味道，并且伴随药草和新鲜青草汁
液的风味。

美国，科罗拉多州，莱昂斯
Lyons, Colorado, USA

奥斯卡布鲁斯酿酒厂
Oskar Blues Brewery

谷物
2 色度的北美 2 棱淡色麦芽，4.68 千克（80%）

25 色度的结晶麦芽，590 克（10%）

10 色度的慕尼黑麦芽，470 克（8%）

85 色度的结晶麦芽，120 克（2%）

糖化
69℃保持 60 分钟

啤酒花
（熬煮 90 分钟）

哥伦布 14% AA，14 克，80 分钟，直到苦度达到 25 IBU

喀斯喀特，14 克，25 分钟

哥伦布，17 克，10 分钟

世纪百年，45 克，回旋沉淀

酵母
加利福尼亚艾尔酵母（Wyeast WLP001 California Ale）

发酵
保持 18℃进行主发酵，然后低温放置约 10 天

特别说明
酿造戴尔淡色艾尔时要使用软水，这种水使麦汁中氯离子和硫酸根离子的比例为 1:1

戴尔淡色艾尔 DALE'S PALE ALE
美式淡色艾尔 American Pale Ale　20 升 | 酒精度 6.5%　初始比重 1.066 | 最终比重 1.015

　　如果你叫戴尔，是一名酿酒师，那务必要酿一桶淡色艾尔并取名"戴尔淡色艾尔"！奥斯卡布鲁斯酿酒厂的创始人戴尔·凯特克斯（Dale Katechis）就用柠檬柑橘风味的啤酒花酿制了这么一桶酒，然后他又向前迈了一大步——他把这款酒装进了易拉罐。这事发生在 2002 年，在当时，易拉罐就是主流、乏味的代名词。现在全世界的精酿啤酒都在说"是的，我行"，然后把自己的啤酒装进易拉罐。戴尔单色艾尔是第一款被装进易拉罐的啤酒，是真正的先锋引领者，但这款酒的特殊并不仅限于此。大量的经典美国精酿啤酒 C 系列酒花（喀斯喀特、世纪百年和哥伦布）给啤酒带来了明显的葡萄柚香、花香和药草的清香，但因为没有干投酒花，所以没有美式 IPA 那么霸道；相对复杂的麦芽组合使其呈现出甜美的酒体，与浓重的酒花风味相得益彰。这款酒将美式淡色艾尔的全部优点集于一身：平衡、爽脆、迷人、友善，所以可以让人喝上一整天。戴尔淡色艾尔是对啤酒酿造革命的完美致敬。

威尔士，卡菲利
Caerphilly, Wales

凯尔特体验
The Celt Experience

谷物
淡色艾尔麦芽，3.6 千克（92%）
慕尼黑麦芽，160 克（4%）
小麦麦芽，160 克（4%）

糖化
64.5℃保持 60 分钟

啤酒花
（熬煮 60 分钟）
马格南或类似的苦啤酒花，25 克，40 分钟，
直到苦度达到 36 IBU
世纪百年，67 克，5 分钟
西楚，17 克，5 分钟
西姆科，34 克，0 分钟
西楚、世纪百年和西姆科，放入酒花祭司中
西姆科，34 克，酒花干投

酵母
美式艾尔酵母（Fermentis US-05）

发酵
20℃

其他配料
云杉芽叶，17 克，煮沸结束，浸泡 5 分钟

西卢尔人 SILURES
慕尼黑云杉淡色艾尔 Munich Pale Ale with Spruce　20 升 | 酒精度 4.6% | 初始比重 1.044 | 最终比重 1.008

　　凯尔特体验不是一般的酿酒厂。创始人汤姆·纽曼（Tom Newman）从威尔士的凯尔特神话中汲取灵感，并与这片土地有着深厚的联系。他的啤酒包括出色的无尾黑母猪（Tailless Black Sow）——这是一款浸泡了药草的淡色艾尔，以民间故事中的幽灵猪来命名。在荒野收集酵母，在森林采集艾蒿和蓍草。汤姆在酿造"西卢尔人"（以威尔士东南部的一个古老部落的名字来命名）时使用了一种被他称为"酒花祭司"的工具。"这工具把啤酒花当饭吃。"他说，"你可能没有酒花祭司，但你可以买一个过滤器，或者自己制作一个——就是一个带盖的容器，里面放上啤酒花。麦汁从中流过，能够吸收大量的啤酒花芳香（和啤酒花浸泡萃取槽差不多）。要'慷慨地'投放啤酒花——能放多少就放多少。有个小贴士：尽可能选择本地产的啤酒花，但如果你附近没有原始森林，那就在网上买吧。效果当然不一样，但你依然可以品尝到独一无二的树脂香和花香。"

麻烦酿造
Trouble Brewing

别有企图 HIDDEN AGENDA

淡色艾尔 Pale Ale　20 升 | 酒精度 4.5%　初始比重 1.043 | 最终比重 1.009

谷物
淡色义尔麦芽，2.75 千克（72%）
慕尼黑麦芽，760 克（20%）
类黑素麦芽（Melanoidin），150 克（4%）
糊精麦芽，80 克（2%）
57 色度的结晶麦芽，80 克（2%）

糖化
66℃ 保持 60 分钟

啤酒花
马格南 12% AA，9 克，60 分钟
夏日（Summer）5.3% AA，26 克，10 分钟
夏日 5.3% AA，26 克，5 分钟
维多利亚的秘密（Vic Secret）15.8% AA，39 克，
0 分钟
维多利亚的秘密 15.8% AA，39 克，酒花干投

酵母
美式艾尔酵母（Fermentis US-05）

发酵
20℃

　　有个笑话是关于在爱尔兰酒吧喝酒的，你只有两个选择：来一杯健力士，或者来半杯健力士。确实，这种黑啤在爱尔兰就跟水似的，到处都是，正是它使爱尔兰啤酒在世界上占有一席之地。但在爱尔兰有越来越多的酿酒师正在致力于超越世涛，为啤酒爱好者们带来更多美好的体验。"麻烦酿造"处于基尔代尔郡（就在亚瑟·健力士出生的那条路上），它专注于制作优质啤酒——从让人放松的金色艾尔到樱桃巧克力世涛。"别有企图"这款酒看起来不太像爱尔兰的酒，但味道绝对正宗。这是一款很放松、超级适饮的晴天淡色艾尔，目标很简单：清脆、复杂的麦芽能够为满是水果沙拉风味的澳大利亚啤酒花做铺垫。比较新颖的维多利亚秘密啤酒花和夏日酒花为啤酒带来丰富的甜杏、桃子、蜜瓜和柑橘香；类黑素麦芽是一种非常特殊的谷物，少量添加能够为啤酒带来细微的红色并增加麦芽的风味。谁还要喝健力士呢？

译者注：维多利亚的秘密酒花与那个内衣品牌并没有什么关系。这款酒花在澳大利亚的维多利亚培育成功，在培育初期表现出神秘莫测的特性，因而得名。

欧米尼珀罗
Omnipollo

瑞典，斯德哥尔摩
Stockholm, Sweden

欧米尼珀罗是由天才平面设计师卡尔·格兰丁（Karl Grandin）和天才酿酒师亨诺克·芬蒂（Henok Fentie）共同创建的，因此它出产的啤酒一定好看又好喝。在他们的不懈努力下，欧米尼珀罗出产的啤酒在全世界广受欢迎。和很多斯堪的纳维亚的酿酒厂一样，欧米尼珀罗是个"吉卜赛"酿酒厂：大部分啤酒都是在比利时具有高新科技的酒厂代工制作的，还有一些是与其他品牌合作的（如海妖、邪恶双子、斯蒂尔等）；但无尽的创意来自他们本身。娜萨莉亚丝（Nathalius）是一款用大米和玉米酿制的帝国 IPA，酒精度为 8%，这样的原料组合通常会让精酿啤酒师退避三舍，但这似乎更像是他们选择这种组合的原因。黄肚子（Yellow Belly）是在巴克斯顿酿造厂（Buxton Brewery）酿造的，这是一款没有添加任何花生酱和曲奇的花生酱曲奇世涛，是世界上最受追捧的酒款之一。马萨林（Mazarin）的酒标上印着一根融化的蜡烛，是一款淡色艾尔，也可能是你能喝到的最棒的淡色艾尔。

欧米尼珀罗
Omnipollo

4：21

双料覆盆子 / 香草思慕喜 IPA Double Raspberry/vanilla Smoothie IPA
20 升 | 酒精度 6%　初始比重 1.054 | 最终比重 1.010

　　一如米奇乐和图乐，欧米尼珀罗同样因其令人激动、推陈出新和高瞻远瞩成为斯堪的纳维亚精酿界的象征。在家酿转精酿的亨诺克·芬蒂和平面设计师卡尔·格兰丁的共同经营下，他们制作出世界上最酷的啤酒艺术——那些酒瓶太有意思了，会让人忍不住在喝完之后摆起来展示。欧米尼珀罗并没有自己的厂址，但这对合伙人的作品却遍布全世界，其中还有多款合作酒品。这款"4：21"出自欧米尼珀罗的魔法数字系列，是一款小批量生产的限量款啤酒，却比普通款的啤酒流传更广。从覆盆子和小麦中获得了浓重的水果味和杀口感，却又因香草和乳糖的加入变得绵密柔滑甚至黏稠——所以名字中出现了思慕喜。乳糖几乎完全不会被啤酒酵母分解，所以不会增加酒精度，但会增加麦汁度。最后，投放大量啤酒花以增加浓重的风味和苦度。这真是一款啤酒界的开山之作！

谷物

皮尔森麦芽，2.65 千克（60%）

小麦，880 克（20%）

燕麦片，440 克（10%）

糖化

67℃ 保持 75 分钟

酒花

（熬煮 60 分钟）

马赛克，27 克，10 分钟

马赛克，67 克，回旋沉淀

马赛克，200 克，酒花干投保持 3 天

酵母

英式艾尔酵母（Fermentis S-04 English Ale）

发酵

19℃

其他配料

葡萄糖，440 克（10%），熬煮时投入

乳糖，熬煮结束时投入，将初始比重升高 3 柏拉图度（约为 0.12 ~ 0.13）；700 克左右

新鲜覆盆子，1.3 千克；2.5 个从中间剥开的香草荚；在主发酵之后、干投酒花之前投入

酵母男孩
Yeastie Boys

数码 IPA DIGITAL IPA

新西兰酒花 IPA NZ-Hopped IPA　20 升 | 酒精度 5.7% 　初始比重 1.056 | 最终比重 1.013

谷物
皮尔森麦芽，2.48 千克（52%）
维也纳麦芽，2.06 千克（43.5%）
糊精麦芽，210 克（92%）

糖化
66℃保持 60 分钟

酒花
太平洋翡翠颗粒（Pacific Jade pellets）13.4%
AA，35 克，60 分钟
摩图伊卡颗粒（Motueka pellets）7.3% AA，8 克，
10 分钟
纳尔逊苏维浓颗粒（Nelson Sauvin pellets）12.1%
AA，8 克，10 分钟
南十字星颗粒（Southern Cross pellets）13.6%
AA，8 克，0 分钟
摩图伊卡颗粒 7.3% AA，40 克，0 分钟
纳尔逊苏维浓颗粒 12.1% AA，8 克，0 分钟
南十字星颗粒 13.6% AA，17 克，酒花干投 1
纳尔逊苏维浓颗粒 12.1% AA，8 克，酒花
干投 1
摩图伊卡颗粒 7.3% AA，17 克，酒花干投 1
南十字星颗粒 13.6% AA，8 克，酒花干投 2，
第一次干投后 4 天
纳尔逊苏维浓颗粒 12.1% AA，4 克，酒花干
投 2
摩图伊卡颗粒 7.3% AA，17 克，酒花干投 2

酵母
美式艾尔酵母（Fermentis US-05）

发酵
18℃

很难想象世界上还会有比"酵母男孩"更好听的酒厂名字了。最初在惠灵顿，斯图·麦金利（Stu McKinley）和萨姆·波森尼斯基（Sam Possenniskie）只把这当作一个兼职项目，但他们的啤酒质量实在太赞，于是他们很快就成为新西兰精酿界炙手可热的人物。他们的大锅茶壶黑啤（Pot Kettle Black，获奖最多的新西兰啤酒）不仅模糊了黑色 IPA 和酒花波特之间的界限，甚至证明了二者之间压根就不应该有什么区别。酵母男孩的商业模式是以惠灵顿为基地，在其他地方进行酿造。2015 年，斯图将他们的酒厂搬到地球的另一头——伦敦，使品牌开始在北半球运营。这样一来，全世界都能喝到鲜爽的新西兰啤酒，尽管是在 1 万千米以外的地方酿造的，如古娜马塔伯爵茶浸泡 IPA（Gunnamatta earl-grey-infused IPA）。酵母男孩的故事是现代精酿的典范，这款数码 IPA 则是现代 IPA 的典范：焦糖麦芽和很多可爱的新西兰啤酒花的完美平衡。

YEASTIE BOYS

DIGITAL IPA

INDIA PALE ALE   5.7% Alc /Vol
330ML

年轻的亨利
Young Henrys

谷物
皮尔森麦芽，3.2 千克（86%）
淡色小麦芽，250 克（7%）
慕尼黑麦芽，250 克（7%）

糖化
67℃保持 50 分钟

啤酒花
（熬煮 60 分钟）
夏日，15 克，头道麦汁投酒花
夏日，20 克，5 分钟
席尔瓦（Sylva），20 克，回旋沉淀
海尔格（Helga），20 克，回旋沉淀

酵母
发出警报酵母（White Labs WLP862 Cry Havoc）

发酵
保持 16℃直到比重降为 1.020，然后让温度自然开升高至 22℃。2 天后将会到达最终比重，包装前再低温存储 7 天

天然拉格 NATURAL LAGER
窖藏啤酒 Kellerbier　20 升 | 酒精度 4.2%　初始比重 1.042 | 最终比重 1.010

　　窖藏啤酒是一种古老的德式风格啤酒，德国以外非常少见，可以上层发酵也可以下层发酵，无须过滤，并且投放了大量芳香型啤酒花。澳大利亚新南威尔士州年轻的亨利酿酒厂完全遵循古法酿造，加入慕尼黑麦芽，使得这款自然拉格具有地道的琥珀色泽。但是它没有采用哈勒陶酒花或中途酒花，而是使用了夏日酒花、海尔格酒花和席尔瓦酒花，这几款酒花都是欧洲植株的"亲戚"，被移植到南半球后，在澳大利亚的阳光下培育出了特殊的果香。由于使用了小麦麦芽，且未经过过滤，使这款酒内敛温和、略带柑橘果香、口感爽脆，还有种朦胧感。配方中使用的发出警报酵母能够在艾尔和拉格的发酵温度下"工作"。年轻的亨利酿酒厂是由两个好朋友在 2012 年创建的——他们现在依然"年轻"，表现得就像"神童"：严格把控核心系列（包括真艾尔最佳英式苦啤）；进行各种不着调的创造，比如在比利时小麦中添加贻贝；还有一款松露巧克力世涛"我要可可"。现在，年轻的亨利酿酒厂在澳大利亚建立了另外两座新厂，所以人们在悉尼或珀斯都能喝到新鲜的窖藏啤酒。

Stout,
porter & black

|

世涛、
波特和黑啤

———

世涛、波特和黑色 IPA 之间的区别是很值得探讨的，
而且精酿啤酒师们很喜欢模糊三者之间的界限。
别争了，酿好了就喝吧。
重度烘烤的麦芽使它们的颜色中度偏黑，
具有巧克力、咖啡和深色水果的色调，
如此才能和高酒精度、重酒花及复杂的风味相匹配。

暗星酿造公司
Dark Star Brewing Company

谷物
淡色艾尔麦芽，3千克（70%）
小麦，690克（16%）
烤大麦（Roasted barley），470克（11%）
焦香麦芽，130克（3%）

糖化
67℃保持60分钟

酒花
挑战者，30克，60分钟
挑战者，11克，0分钟

酵母
拉曼诺丁汉艾尔酵母或诺东汉艾尔酵母

发酵
20℃

其他配料
将能找到的最好的阿拉比卡咖啡豆现磨，取
22克，熬煮结束时投入。像投入香型酒花一样，
在转入发酵桶前放置一会儿。最好使用一个
料包，以免咖啡渣不好清理

意式浓缩咖啡 ESPRESSO
深色咖啡啤酒 Dark Coffee Beer   20升 | 酒精度 4.2% | 初始比重 1.048 | 最终比重 1.014

　　萨塞克斯的暗星酿造公司惹人喜爱的原因是：1. 它赞助了英国国家家酿大赛，并将每年的获胜酒款向市场推广。2. 建立了暗星基金会，用以支持各种与酒吧和啤酒相关的慈善活动。3. 从1994年开始，它就明智地将最好的英国传统酿酒（大量桶装艾尔）与新世界的原料和酿酒方式相结合。4. 它出产的所有啤酒都很棒，包括这款意式浓缩咖啡黑啤酒。作为一款世涛，这款酒可能不够浓烈，因为配方里使用的唯一一款深色谷物是烤大麦，这是一种在重味啤酒中非常好用并且味道突出的谷物，在桶中高度烘焙，使它具有近乎咖啡的特点。烤大麦可以给啤酒增加一种美妙的甜度，缓解咖啡的苦涩。其他咖啡基调的啤酒可能会使用更多的烤咖啡豆，但在暗星推出的版本中咖啡豆显得不那么重要了。换言之，如果想在早晨用于提神醒脑，那么它不够劲道，但这是一款很有层次感的优质黑啤。

海狸屯酿酒厂
Beavertown Brewery

英国，伦敦，托特纳姆
Tottenham, London, England

　　洛根·普兰特（Logan Plant）在伦敦的一个酒吧里创建了海狸屯酿酒厂，没过几年业绩就蒸蒸日上。他先是在自己的美式烧烤餐厅（Duke's Brew & Que）的地下室里酿酒，然后将厂址选在克尼域站附近，后来又继续扩张，于是搬到了托特纳姆一处更大的场地里。一开始他只是为餐厅提供搭配手撕猪肉三明治的佐餐啤酒，现在则以伦敦北部为基地，将啤酒出口到全世界20多个国家。有一件事情始终没有改变，并且成为他前进的动力——酿造一系列不受传统约束的、能让他自由发挥的啤酒。一些在餐厅地窖酿制的啤酒成为他的核心产品，如辛辣的8号球黑麦IPA（8-Ball Rye IPA）或雾霾火箭（Smog Rocket）；还有一些是与世界各地最具创意的酿酒师合作酿造的或单批次限量发售的酒款（如青苹果塞松）。有的酒款重新定义了"爆款"：每年海狸屯出产的7.2%的血橙IPA都被各酒吧疯抢一空，少数瓶装啤酒商店能侥幸囤上几瓶。他的核心产品也有易拉罐生产线——始终恪守着提供新鲜啤酒并减少对环境影响的原则。海狸屯成功的核心是有辨识度，他从一开始就非常坚定这一点。在餐厅工作的尼克·德怀尔（Nick Dwyer）从洛根的酿造中得到了灵感，并提出："如果你需要酒标，那有些东西可以试试。"现在尼克是海狸屯酿酒厂的创意总监，海狸屯的爱好者们可以在澳大利亚、美国和中国香港的啤酒罐上看到他的设计。

海狸屯酿酒厂
Beavertown Brewery

谷物

淡色麦芽，1.53 千克（30%）

山毛榉烟熏麦芽（Beechwood-smoked malt），
1.53 千克（30%）

慕尼黑麦芽，560 克（11%）

燕麦麦片，410 克（8%）

深色结晶麦芽，310 克（6%）

棕麦芽（Brown malt），310 克（6%）

巧克力麦芽（Chocolate malt），310 克（6%）

焦香麦芽，100 克（2%）

黑麦芽（Black malt），50 克（1%）

糖化

66℃保持 60 分钟

啤酒花

马格南，8 克，60 分钟

奇努克，14 克，30 分钟

酵母

美式艾尔酵母（Fermentis US-05）

发酵

19℃

雾霾火箭 SMOG ROCKET

烟熏波特 Smoked Porter　20 升 | 酒精度 5.4%　初始比重 1.057 | 最终比重 1.014

　　这是海狸屯酿酒厂创始人洛根·普兰特最早的酿酒配方之一，创立以来经历了从厨房自行组装酿酒设备到现在 5 000 升产量的蜕变。雾霾火箭使用复杂的麦芽组合（共 9 种谷物）创造了一款繁复的波特，封存的黑暗中，烟熏味道穿梭在烘烤咖啡、太妃焦糖、烟熏泥煤和黑巧克力等味道之间。配方中过重的烟熏味道会喧宾夺主，让人跟喝了一口烟灰缸刷缸水似的，而不会像营地篝火般温存燃情，但配方中的烟熏麦芽被各种配料完美地平衡了。结晶麦芽、棕麦芽、巧克力麦芽、焦香麦芽和黑麦芽的组合，即使是很少的量也能将一些独特的味道混合到酒中。这款酒投放的啤酒花主要是为了取得平衡（苦度非常低），但奇努克啤酒花能使啤酒中夹带细微的烟熏味，让人入口难忘。海狸屯的罐装啤酒几乎覆盖了全部产品线，现在全世界范围皆有销售。如果你看到了雾霾火箭，那就赶紧尝尝吧。

帝磨栏酿酒厂
Brouwerij de Molen

谷物

比利时皮尔森麦芽（Belgian pilsner malt），4.03
千克（43%）

烟熏麦芽（Smoked malt），1.22 千克（13%）

棕麦芽，940 克（10%）

60 色度的结晶麦芽，940 克（10%）

燕麦麦片，840 克（9%）

酸化麦芽，750 克（7%）

巧克力麦芽，520 克（5.5%）

烤大麦，140 克（1.5%）

糖化

69℃保持 60 分钟

啤酒花

哥伦布，60 克，90 分钟

萨兹，8 克，10 分钟

酵母

美式艾尔酵母（Fermentis US-05），2 包

其他配料

可可豆，稍微压碎一下，100 克

1/2 珍妮特夫人辣椒海盐，10 克

将所有配料装入已消毒的料包，在主发酵结
束后投入，保持 1 周

超越感官 SPANNING & SENSATIE

增味帝国世涛 Spiced Imperial Stout　20 升 | 酒精度 9.8%　初始比重 1.102 | 最终比重 1.028

　　在啤酒酿造史上，荷兰一直以来都被比利时和德国掩盖了光芒，但也正是因为这样，许多微酿啤酒厂由于不需要跟喜力这样的大品牌竞争而得以蓬勃发展。"帝磨栏"的意思是"风车"，它始终如一，大胆而优秀，不仅在荷兰，甚至在整个世界都极为引人注意。它从经典的欧洲和美国啤酒中汲取灵感，推出了许多独一无二的酒款。超越感官是一款帝国世涛风格的啤酒，所以相当浓烈，像黑豹一样油光锃亮，并使用了大量的烘烤麦芽。这种涡轮增压似的波特从不缺乏风味，但这款酒大胆地用可可豆、辣椒和盐来增加风味，所以成品就像融化的阿兹台克黑巧克力棒，带有甘草和咖啡的暗香，还有酒精和香料组成的暖流，回味强烈。但是，啤酒本身不好的话，什么增味剂都是白搭。酿造帝国世涛并不简单，所以要慢慢来：慢慢糖化、慢慢洗糟、慢慢煮沸、狠狠地接种酵母，然后慢慢熟成……

美国，科罗拉多州，柯林斯堡
Fort Collins, Colorado, USA

奥德尔酿造公司
Odell Brewing Company

谷物
淡色艾尔麦芽，3.78 千克（79%）
焦香麦芽，270 克（5.5%）
巧克力麦芽，220 克（4.5%）
53～60 色度的结晶麦芽，170 克（3.5%）
琥珀麦芽，170 克（3.5%）
慕尼黑麦芽，110 克（2.5%）
烤大麦，60 克（1.5%）

糖化
68℃保持 60 分钟

啤酒花
努格特、喀斯喀特或其他优质苦型酒花，24 克，
60 分钟，使苦度达到 40 IBU
东肯特古丁，12 克，0 分钟
法格，10 克，0 分钟

酵母
味道干净的低酯香的酵母，如英式艾尔酵母
（White Labs WLP002）

发酵
20℃

割喉波特 CUT THROAT PORTER
波特 Porter　20 升 | 酒精度 5.1% | 初始比重 1.050 | 最终比重 1.015

　　在当代大部分酿酒师还在襁褓中时，道格·奥德尔（Doug Odell）就开始自己在家酿啤酒了，现在他已是美国最受尊敬的酿酒师之一，实验性的探索和稳定的出品让他的罐装啤酒从科罗拉多州销往全世界。奥德尔酿造公司 1989 年就推出的 90 - 苏格兰艾尔（90/- Scottish ale）是一款现代啤酒的经典之作；此外还有柔滑绵密的割喉波特，这款酒是以一种濒临灭绝的科罗拉多鳟鱼来命名的。从技术上来讲，割喉波特更像是一款棕啤而非波特，高度烘烤的麦芽所占的比例相比其他波特来说较低，糖化温度较高，所以啤酒的酒体饱满。英国艾尔酵母带来轻微的酯香，留下了淡淡的甜味，更符合这种啤酒风格。这款酒颜色深，有大量的咖啡、巧克力、烟草和焦香风味；英国东肯特古丁啤酒花与法格啤酒花一起搭配使用（这种风格的酒中啤酒花要用口味细腻柔和一点的），再加上适当的酒精度，使这款酒成为可以全天不离手的淡味波特。

德舒特河酿酒厂
Deschutes Brewery

谷物
2 棱淡色麦芽，2.8 千克（63%）

巧克力麦芽，450 克（10%）

小麦麦芽，400 克（9%）

结晶麦芽，400 克（9%）

糊精麦芽，400 克（9%）

糖化
54℃ 时投料，保持 10 分钟，升温至 69℃ 保持
30 分钟，再升温至 75℃ 保持至少 5 分钟，然
后出麦汁

啤酒花
喝彩（Bravo）14% AA，14 克，60 分钟

喀斯喀特 6% AA，14 克，30 分钟

泰特南（Tettnang）5% AA，28 克，5 分钟

酵母
英式艾尔酵母（White Labs WLP002）或灵伍德
艾尔酵母（Wyeast 1187 Ringwood Ale）

发酵
17℃

黑色孤峰波特 BLACK BUTTE PORTER
波特 Porter　20 升 | 酒精度 5.2% | 初始比重 1.057 | 最终比重 1.019

　　德舒特河酿酒厂是俄勒冈州啤酒酿造业的一座灯塔。酒厂以当地的一条河流命名，1988 年在本德落户，那时候还只是一个简陋的小酒吧。本德是个小镇，在其周围是一些对于全世界酿酒师来说极为熟悉的地方，因为那些地方出产美国著名的啤酒花，包括喀斯喀特山脉和威拉米特国家公园。德舒特河酿酒厂是目前美国最大的精酿啤酒厂之一。它的产品主要以一系列实验性和季节性的啤酒（包括冬季里让人心驰神往的新鲜酒花 IPA）为核心，其中就包括这款黑色孤峰波特，这款酒是为了向德舒特国家公园中的一座死火山致敬而酿制的。对于一家经营多年的西北太平洋沿岸的酿酒厂而言，以一款波特作为旗舰酒是非常勇敢的，但这款馥郁甘甜、绵密柔滑的啤酒如同淡色艾尔一样适饮。喝彩啤酒花是一款当地种植的相对较新的啤酒花（2006），能给啤酒带来高 α 酸度和轻微的水果芳香；此外还添加了美国最常用的精酿啤酒花（喀斯喀特）和泰特南酒花。工作日的夜晚来一杯波特，绝对能让你顺利过渡到周末。

美国，俄勒冈州，尤金
Eugene, Oregon, USA

宁卡斯酿造公司
Ninkasi Brewing Company

谷物

2 棱淡色麦芽，4.86 千克（74%）

巧克力麦芽，390 克（6%）

结晶麦芽，390 克（6%）

燕麦麦片，390 克（6%）

维也纳麦芽，330 克（5%）

烤大麦，130 克（2%）

稻壳（Rice hulls），70 克（1%）

糖化

67℃保持 40 分钟

酒花

努格特，23 克，60 分钟

努格特，23 克，30 分钟

酵母

英式艾尔酵母（White Labs WLP005）

发酵

22℃保持 3 ~ 7 天；到达最终比重后再保持 2 天；然后冷却至 0℃保持 7 ~ 10 天

奥蒂斯 OATIS

燕麦世涛 Oatmeal Stout　20 升 | 酒精度 7% | 初始比重 1.072 | 最终比重 1.020

　　在俄勒冈州的精酿啤酒粉不可谓不幸福，因为这个"海狸之州"的数十家酿酒厂都致力于酿造好啤酒。虽然波特兰的人均酒厂数量可能更多，但尤金也是一个拥有优质精酿啤酒的城市，宁卡斯酿造公司就是其中一家出产优质啤酒的酿酒厂，还有酒花山谷酿酒厂，它推出的罐装啤酒充满了当地珍贵啤酒花的风味，奥克郡酿酒厂及其他很多酒厂也是这样。宁卡斯酿造公司以酿造提神醒脑的重金属酒为典型酒款，并以苏美尔人的女神给啤酒命名。它举办了大规模的"啤酒就是爱"慈善项目，用酿造产生的残余谷物来饲养一些自由放养的奶牛。奥蒂斯是以酿酒厂的吉祥狗奥蒂斯命名的，虽然奥蒂斯不见得会喜欢"奥蒂斯"，但我们可以尽情享受奥蒂斯丝滑的口感、深度烘烤的味道及甜麦芽与微苦的努格特酒花之间的完美平衡。宁卡斯还推出了一款带浓浓奶香的香草奥蒂斯。

译者注：19 世纪动物毛皮制的帽子开始流行，而俄勒冈州盛产海狸。如今，海狸是俄勒冈州的州动物，州旗上也是海狸的图案。此外，俄勒冈州立大学足球队的队名及吉祥物也是海狸。

北极
Põhjala

奥斯穆萨尔岛 ODENSHOLM

帝国波特 Imperial Porter　20 升 | 酒精度 9%　初始比重 1.083 | 最终比重 1.019

谷物

维京淡色麦芽（*Viking pale malt*），4.84 千克
（62.5%）

黑麦麦芽，*1.55 千克（20%）*

特殊焦香麦芽（*Carafa Special Type-II malt*），500
克（6.5%）

巧克力黑麦麦芽（*Chocolate rye malt*），390 克
（5%）

特殊深色焦香麦芽，390 克（5%）

糖化

68℃ 保持 45 分钟

酒花

马格南或 CTZ（哥伦布、战斧、宙斯），50 克，
60 分钟

奇努克，20 克，0 分钟

酵母

圣迭戈特级酵母（*White Labs WLP090 San
Diego Super*）

发酵

19℃，发酵完成后，降温至 0℃ 熟成 4 周

其他配料

黄砂糖，80 克（1%），熬煮时投入

对于大部分外国人而言，爱沙尼亚的啤酒只有维鲁（Viru），一款以塔形包装夺人眼球的皮尔森。但现在不是了，有一家真正的新生代精酿啤酒厂——北极酿酒厂，产出的啤酒销售到整个东欧。北极酿酒厂的总部在首都塔林，由一名曾经就职于酿酒狗的苏格兰酿酒师克里斯托弗·皮尔金顿（Christopher Pilkington）管理。北极酿酒厂与挪威的另一个莱尔维克啤酒厂合作，酿造了这款隆冬黑色帝国波特。这种超强世涛经常被人用"尺寸"来形容，而这款酒的尺寸大得能让人迷失在黑暗的角落。黑麦和巧克力黑麦使这款酒带有一点辛辣味，低温下的长期熟成将温热的酒精和苦型酒花带到了新高度。要确保酵母的活性——因为有得它忙的。克里斯托弗会将啤酒放在黑皮诺葡萄酒桶中进一步饷酒。如果有条件的话你也可以这样做，这会让焦香麦芽的黑色浆果风味与黑巧克力麦芽的风味完美融合。

译者注：　"ODENSHOLM" 是瑞士语，即"奥斯穆萨尔岛"。哥伦布（*Columbus*）、战斧（*Tomahawk*）和宙斯（*Zeus*）都是在同一时间培育成功并被卖到不同地方的啤酒花，由于专利的问题才有了 3 个不同的名字。现在气象色谱分析表明，哥伦布和战斧是同一个品种，而宙斯和哥伦布也极度相似，以至在最终产品上它们几乎不可能被辨别出来，因此通常被称为 "*CTZ*"。*CTZ* 主要是用作苦花，但是作为一个高酒花油含量的品种，它的香气也非常出色，在酿造桶装艾尔的煮沸末期添加，有非常完美的表现。它从培育成功那一刻就如飓风般席卷美国酒花产区，占据了全美种植面积的半壁江山。

麦粒酿酒厂
The Kernel Brewery

谷物
玛丽斯奥特麦芽（*Maris Otter malt*），3.96 千克（75.5%）

棕麦芽，370（7%）

巧克力麦芽，370 克（7%）

深色结晶麦芽，370 克（7%）

黑麦芽，180 克（3.5%）

糖化
69℃左右，保持 60 分钟

啤酒花
12% AA 的啤酒花，10 克，头道麦汁投酒花

12% AA 的啤酒花，10 克，15 分钟

12% AA 的啤酒花，14 克，10 分钟

12% AA 的啤酒花，20 克，5 分钟

12% AA 的啤酒花，40 克，酒花干投保持 3 天，然后灌瓶 / 装桶

酵母
麦粒酿酒厂使用的是自制酵母，你可以使用本地产的相似酵母，如伦敦艾尔酵母

发酵
22℃，然后在 15 ~ 20℃下保持 10 ~ 14 天以使啤酒碳酸化

出口印度波特 EXPORT INDIA PORTER

出口印度波特 Export India Porter　20 升 | 酒精度 6%　初始比重 1.060 | 最终比重 1.016

　　不是我在夸大，而是真的：麦粒酿酒厂酿造的啤酒精妙绝伦。它的一切都是大道至简：棕色的手工印刷标签，印有最基本的信息（没有标注口味或吹嘘其中的内容将如何改变你的生活）；简单的啤酒之选，不断在变化但永远坚持原则、完美酿制。它主要出产可以痛快地投放啤酒花的 IPA 和淡色艾尔，以及适饮的佐餐啤酒、酸啤酒和伦敦风格的改良版啤酒，如强力世涛或波特。这款出口印度波特投放酒花时也比较随意，就像 19 世纪时那样。它的酒款无法具体概括，并非是因为保密，而是本身就没有固定的配方。"我们喜欢用不同的啤酒花进行试验。"创始人埃文·欧赖尔登（Evin O'Riordain）说，"当不同的啤酒花与深色麦芽混合时能创造出非常不同的风味，特别神奇。布拉姆林十字酒花使啤酒更接近于传统的英式风格，所以是我们的最爱。哥伦布能让啤酒的口感更爽脆。"将这个配方作为灵感的来源吧，目标苦度是 48 IBU。麦粒酿酒厂酿酒时使用的是伦敦的硬水，氯化钙含量很高。

图乐
To Øl

谷物
皮尔森麦芽，4.15 千克（57%）

烤大麦，700 克（9.5%）

烟熏麦芽，610 克（92%）

燕麦麦片，530 克（7%）

巧克力麦芽，440 克（6%）

焦香慕尼黑麦芽（Caramunich），350 克（5%）

棕麦芽，210 克（3%）

糖化
67℃保持 60 分钟，72℃保持 15 分钟

酒花
西姆科 13% AA，26 克，60 分钟

西姆科 13% AA，20 克，15 分钟

世纪百年 10% AA，20 克，10 分钟

喀斯喀特 6.5% AA，30 克，1 分钟

酵母
英式艾尔酵母（White Labs WLP002）

发酵
22℃

其他配料
金色粗制糖、粗黄糖或其他类似的深色糖，
210 克（4.5%），糖化时加入

黑球 BLACK BALL
波特 Porter　20升 | 酒精度 7.1%　初始比重 1.084 | 最终比重 1.024

　　不懂丹麦语的朋友们——图乐的发音是"too eul"，翻译过来最好的词是"两支啤酒"。2005 年，图乐的创始人托拜厄斯（Tobias）和托雷（Tore）当时还在上学，遇到了特别酷的老师，此人就是后来米奇乐的最高领导人米克尔·博格·毕厄索。因他们都对丹麦主流啤酒失望透顶，因此三人放学之后在学校的厨房里酿酒。对他们的做法学校并不反对，啤酒粉们当然是举双手赞成。如果你曾对"丹麦是世界上最适宜居住的地方"有过任何怀疑，那么这个故事无疑向你证实了这一点。从发展历程来说，图乐是没有厂址的——属于"吉卜赛"酿酒厂——但仍然努力创造出许多充满冒险精神、设计精良的啤酒。这款黑球不是普通的波特：多种麦芽之间的用量有着细微的差别，包容万千，粗糖添加了更多风味，大量的啤酒花点亮了黑色的深处。酒花波特、黑色 IPA 还是印度世涛？只要好喝，谁还会在乎这个！

Brown, Belgian, bitter & strong

|

棕啤、比利时啤酒、苦啤和烈性啤酒

棕色艾尔麦芽味重，呈深红褐色。

比利时啤酒经常使用特别的酵母来发酵，

所以自带果香。

酒体轻薄，酒精度高。

英式苦啤是一种很好入口的啤酒，

啤酒花味道偏淡。

烈性艾尔使用大量麦芽，酒精度高，

具有温热的酒精感。

裸岛
Nøgne Ø

#100

大麦烈酒 Barleywine　20 升 | 酒精度 10.1% | 初始比重 1.092 | 最终比重 1.015

世界上第一款商业化的大麦烈酒是 1903 年出品的巴斯 1 号（Bass No.1）。100 多年后，裸岛推出了它自己的版本，其品质优良，足以继承特伦特河畔 "柏顿开拓者" 的名号。优质的大麦烈酒足以与顶级的波尔多葡萄酒媲美，但制作起来也很有挑战性。酿酒时使用大量的麦芽，还要实现糖的转化指标，是很有难度的。麦芽床会非常重，过滤起来很困难。如果没达到预期的初始比重，酒精度就不够高，就没法做出大麦烈酒。这种情况下，用麦芽精华素提高发酵之前的初始比重是一种可取的方法。其他确保大麦烈酒成功酿制的办法包括制作两批少量的麦汁，然后混合在一起。另外，酵母很关键：没有适合的发酵度，就会残留大量的糖，酒将变成无法下咽的糖浆。我们建议使用液体酵母，大概需要两包的量。主发酵结束之后最好先把酵母去掉，三四周之后，再进行二次发酵。酿制大麦烈酒绝对不能操之过急。

谷物
玛丽斯奥特麦芽，6.85 千克（88%）
小麦麦芽，800 克（10%）
巧克力麦芽，160 克（2%）

糖化
63℃ 保持 90 分钟

酒花
奇努克，70 克，90 分钟
世纪百年，50 克，15 分钟
世纪百年，50 克，5 分钟
哥伦布，50 克，0 分钟
奇努克，50 克，酒花干投

酵母
英国艾尔干酵母或拉曼诺丁汉艾尔酵母

发酵
20℃

特别提示
这是一款需要时间的啤酒。它需要长时间静静地储藏在瓶中以激发所有潜力（即使是二氧化碳气化也需要一两个月）。6 个月的储藏时间并不算夸张，时间越长越好。把酒瓶放在避光且安静的地方，每隔一段时间打开一瓶，就能体会时间带来的变化

复兴酿酒厂
Renaissance Brewing

谷物

淡色艾尔麦芽，2.5 千克（68%）

琥珀麦芽，500 克（6.8%）

琥珀焦香麦芽（Cara Amber），500 克（6.8%）

饼干麦芽（Biscuit malt），250 克（3.5%）

中深结晶麦芽，250 克（3.5%）

淡色结晶麦芽，250 克（3.5%）

维也纳麦芽，250 克（3.5%）

小麦麦芽，250 克（3.5%）

烟熏麦芽，60 克（0.9%）

糖化

使用较高的糖化温度以得到适量的可发酵糖，
68℃保持 60 分钟

酒花

（熬煮 60 分钟）

南十字星 14% AA，20 克，头
道麦汁投酒花

太平洋翡翠，16 克，酒花浸取槽或回旋沉淀

酵母

伦敦艾尔酵母（Wyeast 1968 London Ale）

发酵

20℃

石匠苏格兰艾尔 STONECUTTER SCOTCH ALE

烟熏苏格兰艾尔 Smoked Scotch Ale　20 升 | 酒精度 7%　初始比重 1.074 | 最终比重 1.021

　　马尔伯勒在新西兰南岛的最北端，是著名的葡萄酒产区。葡萄种植是一项让人口渴的工作，幸运的是复兴酿酒厂会给当地辛苦劳作的农民们一些好喝的。同很多新世界的啤酒一样，石匠这款酒是从经典的欧洲风格中汲取的灵感，浓烈饱满的苏格兰艾尔"有点重"（wee heavy）灵感源自爱丁堡。酿造石匠时麦芽是绝对主角——9 种麦芽提供了烘焙香、焦香和巧克力太妃糖的复杂风味；烟熏麦芽虽然只占了很小的比例，但仍呈现出精妙的风味。新西兰当地种植的啤酒花也提供了美妙的风味。在石匠中放入木头放置一段时间，能增加风味。复兴酿酒厂的首席酿酒师安迪·迪赫尔斯推荐用橡木块，在发酵罐里放 3~5 周。将 15 克橡木块放在无菌袋里，在二次发酵时加入，此后，可以每周取样来检查橡木味道浸入的情况。对于没有木桶的人来说，这是个好方法。

英国，伦敦，汉韦尔
Hanwell, London, England

怪胡子酿造公司
Weird Beard Brew Co

无聊棕啤 BORING BROWN BEER

帝国最佳苦啤 Imperial Best Bitter　20 升 | 酒精度 7.2%　初始比重 1.069 | 最终比重 1.013

谷物
淡色麦芽，*5.3* 千克（*84%*）
特殊深色焦香麦芽，*1.1* 千克（*16%*）

糖化
64℃保持 *75* 分钟

酒花
奇努克 *13% AA*，*50* 克，*60* 分钟
奇努克 *13% AA*，*20* 克，*30* 分钟
奇努克 *13% AA*，*20* 克，*15* 分钟
奇努克 *13% AA*，*20* 克，*0* 分钟

酵母
英国艾尔干酵母

发酵
19℃时进行主发酵，保持 *4* 天，二次发酵保持 *10* 天

无聊棕啤恐怕算得上是精酿啤酒的反义词——在各地的酒吧都有出售的保守啤酒，不能给饮家带来任何兴奋感和新鲜感。但怪胡子酿造公司出产的无聊棕啤绝对不无聊。这是一款美式风格的棕色艾尔，可以说是“帝国最佳苦啤”，由单一啤酒花制造出难忘的效果——这就是奇努克酒花的功劳，在特殊深色焦香麦芽中带来浓浓的药草香、辛辣风味甚至葡萄柚香。两种麦芽、一种啤酒花——这是个简单的配方，但要对操作了如指掌，酿酒技巧也必须过硬才行。一开始，怪胡子酿造公司的创始人格雷格（Gregg）和布赖安（Bryan）只是业余爱好者，喜欢进行实验性的酿造，数年后才开始了他们的专业酿造之旅。怪胡子那毛茸茸的骷髅头商标出现在每一款酒标上。它的标语是“不糊弄、不废话，酒花绝不偷工减料”。

Weird Beard
Brew Co.

BORING
BROWN BEER

AN IMPERIAL BEST BITTER

330
ML

8.2%
ABV

大公国酿酒厂
Birrificio del Ducato

谷物
皮尔森麦芽，5.95 千克（86.5%）
酸化麦芽，290 克（4%）
糊精麦芽，190 克（3%）

糖化
66℃保持 60 分钟

酒花
海格立斯（Herkules），4 克，70 分钟
玛丽卡（Marynka），13 克，5 分钟
惠特布莱德古丁（Whitbread Goldings Variety），
25 克，0 分钟

酵母
修道院高比重酵母（Wyeast 3787 Trappist High
Gravity）

发酵
20℃

其他配料
白色比利时糖，450 克（6.5%），煮沸时添加，
同时搅拌帮助溶解，避免烧焦

冰雪狂欢 WINTERLUDE
三料 Tripel   20 升 | 酒精度 8.8%   初始比重 1.079 | 最终比重 1.012

　　一支获得修道院认证的啤酒，必须由指定的几家修道院酿制（大部分在比利时，但也有一些在荷兰、意大利），而且所有的收入必须用作慈善。三料是一种烈性淡色艾尔，源自低地国家，是一款经典的修道院认证啤酒——酿造或者享用大公国酿酒厂令人兴奋的冰雪狂欢并不要求你严格地节欲，虽然它含有传统的欧洲啤酒花、比利时酵母和焦糖，但它还是忠于自己的配方的，万花筒般复杂多变的风味就来自这些简单的原料。乔瓦尼·金巴利（Giovanni Campari）创立的大公国酿酒厂位于帕尔马附近的索拉尼亚小镇。他酿造的啤酒与当地有着密不可分的关系，在创办之初就有着动人的故事："冰雪狂欢是向我们一位失踪的朋友致敬，希望有一天我们能够再见面，就像太阳躲在山背后一样。"这是一款需要窖藏熟成的啤酒——移除酵母后的二次发酵有益于三料啤酒的酿造，然后在瓶中存放几个月，之后就可以品尝了，会有红酒般醇厚的风味。

美国，纽约，布鲁克林；马里兰州，巴尔的摩
Baltimore, Maryland, and Brooklyn, New York, USA

斯蒂尔沃特工艺
Stillwater Artisanal

谷物
皮尔森麦芽，4 千克（78%）
小麦麦芽，510 克（10%）
维也纳麦芽，510 克（10%）
比利时芳香麦芽（Belgian aromatic malt），100 克（2%）

糖化
63℃保持 45 分钟
75℃保持 15 分钟

酒花
马格南 14% AA，7 克，75 分钟
斯特林（Sterling）7.5% AA，15 克，10 分钟
斯特林，28 克，0 分钟
施蒂里亚古丁（Styrian Golding），14 克，0 分钟

酵母
法国塞松酵母

发酵
23℃时开始发酵，任由温度上升至 24℃，发酵完成后降温至 0℃以沉降杂质

其他配料
石楠（帚石楠），20 克
蒲公英，12 克
甘菊，8 克
薰衣草，4 克
煮沸结束时，将所有植物装在一个熬煮袋中浸泡 10 分钟

爱与悔 OF LOVE & REGRET
植物农场艾尔 Botanical Farmhouse Ale　　20 升 | 酒精度 7% 　初始比重 1.058 | 最终比重 1.004

　　爱与悔（也是斯蒂尔沃特工艺在马里兰州巴尔的摩酿酒师山区域开设的酒吧的名字）被形容为"植物农场艾尔"。从喝到的第一口酒开始，你就会意识到这绝对不是普通的啤酒。比利时啤酒经常会添加香辛料、水果或自然添加物，这是在传统之下的特殊发明。在煮沸阶段投入石楠、甘菊、蒲公英和薰衣草，让它们与青草香、香辛风味的斯特林酒花和施蒂里亚古丁酒花相互"纠缠"，同时也带来了微妙的花园气息：想象一下在啤酒花田中长满了夏季的野花，这就类似于这款带有浓密花香的啤酒。法国塞松酵母萃取出药草芳香，其高发酵度使这款酒收口偏干。比利时芳香麦芽是一种特殊麦芽，给这款酒带来独特的麦香和深铜色的色泽（没有任何麦芽能够代替）。这款对于比利时艾尔的开放式演绎让想象力丰富的酿酒师成了艺术家。

MANCHESTER
BITTER
DRY, BITTER, NORTHERN
BOTTLE CONDITIONED BEER PRODUCED
TO MANCUNIAN STANDARDS
ALC. 4.2% VOL.

大理石酿酒厂
Marble Brewery

谷物

玛丽斯奥特麦芽, 3.2 千克（94%）

焦香麦芽, 140 克（4%）

150 色度的结晶麦芽, 70 克（2%）

糖化

66℃保持 50 分钟

酒花

海格立斯 16.1% AA, 3 克, 70 分钟

古丁（Goldings）3.4% AA, 20 克, 15 分钟

威美亚（Waimea）18% AA, 25 克, 0 分钟（浸泡 20 分钟）

摩图伊卡 8% AA, 25 克, 0 分钟（浸泡 20 分钟）

酵母

风味平和的英式酵母

发酵

18 ～ 21℃

曼彻斯特苦啤 MANCHESTER BITTER

苦啤 Bitter　20 升 | 酒精度 4.2%　初始比重 1.040 | 最终比重 1.008

　　英国北部的曼彻斯特是个很适合酿造的城市，而大理石酿酒厂完全就是曼彻斯特的象征。它出品玻璃瓶、钢瓶以及木桶装啤酒，而且其严肃的北方品牌商标暗示了瓶中啤酒的诚实和坚定可靠。从德国老啤酒到俄罗斯帝国世涛，大理石酿酒厂出品的酒款几乎全都送出了酿酒厂大门。它还酿造见证了19 世纪工业大革命的传统型艾尔，如百斯特（Best），英式 IPA、良心足味世涛（hearty Stouter Stout）和品脱杯（Pint），每天都能畅饮苦啤的确是一件非常惬意的事情。另外，这款经典又有点花哨的啤酒具备你所期待的坚实麦芽基础（玛丽斯奥特麦芽和一小部分深色烘烤结晶麦芽），同时用新西兰威美亚酒花和摩图伊卡酒花改进了啤酒花的组合，使啤酒口味干爽并带轻微果香，收口时略带苦味。这是一款经典的曼彻斯特人的特饮。

罗格艾尔
Rogue Ales

谷物

2 棱淡色麦芽，3.5 千克（59%）

10 色度的大西部慕尼黑麦芽（Great Western Munich malt 10L），0.9 千克（15%）

75 色度的大西部结晶麦芽（Great Western Crystal malt 75L），680 克（11%）

棕麦芽，312 克（5%）

15 色度的大西部结晶麦芽（Great Western Crystal malt 15L），255 克（4%）

120 色度的大西部结晶麦芽（Great Western Crystal malt 120L），255 克（4%）

中度咖啡麦芽（Franco-Belges Kiln Coffee malt），113 克（2%）

糖化

67℃ 保持 60 分钟

啤酒花

（煮煮 70 分钟）

佩勒颗粒（Perle pellets）9% AA，17 克，60 分钟

斯特林颗粒（Sterling pellets）5% AA，14 克，0 分钟（浸泡 10 分钟）

酵母

吃豆人酵母（Wyeast 1764 Pacman）

发酵

16 ~ 18℃

其他配料

西北榛子提取液，1/2 茶勺，装瓶时加入

榛子棕甘露 HAZELNUT BROWN NECTAR

美式棕艾尔 American Brown Ale　20 升 | 酒精度 6.2%　初始比重 1.057 | 最终比重 1.016

　　果仁棕色艾尔是一款传统的英式风格艾尔，酒液为类似烘烤栗子的深棕色，复杂的烘烤麦芽组合使啤酒带有温和的果仁风味，这种酒中通常没有真正的果仁。但罗格艾尔产的经典榛子棕甘露添加了真正的果仁提取物，使啤酒的风味提升到了新的高度（西北榛子的高质量提取液意味着酿酒师能够精准地掌握啤酒中到底投入多少"果仁"）。发酵时采用了罗格艾尔自制的菌株——吃豆人酵母。俄勒冈州的酿酒厂总是能酿造出特别好喝的试验性啤酒，如添加了辣椒酱的是拉差火热世涛（Sriracha Hot stout），虽然是试验性的，但它的标准可一点都不含糊。死家伙艾尔（Dead Guy Ale）无疑是美国最为人所知的清亮博克（可能是唯一被大家所知的清亮博克），莎士比亚燕麦世涛（Shakespeare oatmeal stout）在世界各地都很受欢迎。罗格艾尔在太平洋西北海岸有自己的农场种植酿酒原料（如南瓜、黑麦），还有一些啤酒八竿子打不着的东西，比如火鸡，希望不会也是拿来酿酒的。

译者注：清亮博克又称五月博克（Maibock），本身是一种色泽清亮透明、酒体较干、麦芽和酒花香兼具的下层发酵（拉格）啤酒。但是"死家伙艾尔"却使用上层酵母（艾尔），一如既往地出格。

英国，阿洛厄
Alloa, Scotland

威廉姆斯兄弟酿造公司
Williams Bros Brewing Co

谷物
淡色麦芽，*2.87*（*75%*）
小麦麦芽，*380* 克（*10%*）
115 色度的结晶麦芽，*250* 克（*6.5%*）
巧克力麦芽，*170* 克（*4.5%*）
碎燕麦（*Milled oats*），*150* 克（*4%*）

糖化
70℃ 保持 50 分钟

酒花
第一金牌（*First Gold*），*14.5* 克，*60* 分钟
萨温斯基古丁（*Savinski Goldings*），*11* 克，*45* 分钟
阿马里洛，*10* 克，*0* 分钟
喀斯喀特，*10* 克，酒花干投

酵母
诺丁汉艾尔酵母

发酵
20℃

其他配料
甜橙皮，*40* 克，熬煮 *15* 分钟

80 / –

苏格兰艾尔 Scottish Ale　　20 升 | 酒精度 4.2%　初始比重 1.043 | 最终比重 1.012

　　世界上大部分人对于苏格兰艾尔的理解都是烈、偏甜、饱满的桃木色，而且经常会有个让人尴尬的名字，如"偷大塔姆裙子的人"。但那些其实都不是苏格兰人日常喝的啤酒。苏格兰人最喜欢的一款啤酒应该是"80先令"（当地人直接叫它"80"——这个名字源于酿酒业的复杂征税体系，税官会对最烈性和品质最好的啤酒征收更高的税）。斯科特·威廉姆斯（Scott Williams）和布鲁斯·威廉姆斯（Bruce Williams）将酿酒厂建在阿洛厄的历史性中心带酿酒区。他们比所有人都专注于酿造并复兴传统的苏格兰风格啤酒；他们推出的富劳克石楠艾尔（Fraoch Heather Ale），是对一款啤酒的复刻——那款啤酒早在几个世纪前就开始使用啤酒花，就是这款更新版"80/–"。大量的麦芽和英式苦啤酒花真实地再现了传统版本，另外还添加了西北美式芳香型啤酒花和橙皮，使它具有现代风味（虽然这款啤酒满是麦芽香味，但添加的所有原料都很安静地隐藏于其下）。

	DEN TOWN	HELLS LAGER	4.6%	£
		PIVO 12°	5%	£5
	MDEN TOWN	PALE ALE	4.0%	£
KEG	BEAVERTOWN	GAMMA RAY	5.4%	£
KEG	TO ØL	GARDEN OF EDEN	6.4%	£
KEG	WEIHENSTEPHANER	HEFEWEISSBIER	5.4%	£
KEG	ANCHOR	SPRING ALE	7.2%	£
KEG	CAMDEN TOWN	INK STOUT	4.4%	£
KEG	MIKKELLER	IT'S ALIVE	8%	
KEG	TROUBADOUR	IMPERIAL STOUT	9%	
		OLIVER'S CIDER	AND PERRY	ME

PINT	KEG	TROUBADOUR	WESTKUST			...LF
PINT	KEG	LERVIG	KONRAD'S STOUT			
PINT	KEG	FOUNDERS	CURMUDGEON	9.8%		
PINT	CASK	DARK STAR	HOPHEAD	3.8%	£3.80	PINT
PINT	CASK	WILD BEER	BIBBLE	4.2%	£3.90	PINT
PINT	CASK	BAD	WILD GRAVITY	5.2%	£4.20	PINT
PINT	CASK					PINT
PINT	CIDER	LILLEY'S	STARGAZER CIDER	4.5%	£4.20	PINT
HALF	CIDER	BARBOURNE	STRAWBERRY CIDER	4%	£4.40	PINT
HALF	CIDER	OLIVER'S	DRY CIDER	6%	£4.40	PINT

MAKER & TAP TAKEOVER ON THURSDAY JUNE 18TH

Glossary

|

术语

作为一项历史悠久的古老技艺，
啤酒酿造出现了许多"复古"的词汇，
其中有很多源自德文和古英语，
包括听起来有点怪异的词——麦汁
（"wort"按旧时的发音为"wert"），
煮沸桶的传统名是铜壶（copper pot）。

辅料

糖化过程中加入的没有芽化的谷物；有时候也会有其他添加物（香料或风味剂）。

α 酸（阿尔法酸，AA）

啤酒花中为啤酒提供苦味的酸性物质。

通气

让煮沸后的麦汁中充满氧气，以使酵母得以存活。

香型酒花

煮沸开始半小时左右添加的啤酒花：通常 α 酸含量较低，能够提供芳香。

衰减量、发酵度

糖（被酵母）转化成二氧化碳和酒精的比例。

苦花

煮沸开始时投放的啤酒花，煮沸一个小时之后，就会释放苦味。

煮沸

这是让麦汁提取啤酒花的苦味、风味和芳香的过程。在煮沸桶中完成。

灌瓶 / 桶

将啤酒移入方便享用的容器。

熟成

将啤酒存放在玻璃瓶、酒桶、木桶或钢桶中，让酒液自行碳酸化并增加风味。

发酵

酵母将可发酵糖转化为酒精和二氧化碳的过程。

澄清剂

在酿造阶段添加的物质（澄清药片或爱尔兰苔藓）能使酒液澄清。

熄火

字面上的意思是指将加热煮沸桶的热力来源撤掉，也指将啤酒花加入麦汁中以最大限度萃取芳香的时刻。参照回旋沉淀。

絮凝

形成絮状或结块，指在酿酒时酵母在发酵罐中沉淀的过程。

比重

液体的密度。在酿酒中代表了酒液中的含糖量。

粉碎麦芽

碾碎谷物以便用来糖化。

泡盖

初始发酵时在酒液表面由蛋白质和酵母形成的泡沫。看起来很恶心，但其实是一个顺利的标志。

洗糟

将谷物中的可发酵糖洗出来，并可增加麦汁量达到煮沸前所需的量。有两个阶段：用糖化桶中的水过滤；将新的水淋在麦芽床表面以完成洗糟。

酿造水

直接用于酿造的水。分两个阶段：包括用来糖化的水和用来洗糟的水。

糖化啤酒花

糖化阶段投放的啤酒花，用来增加苦味。是一种不太常见的步骤。

糖化

将谷物和辅料用热水浸泡在糖化桶中提取糖的过程。可以在稳定的单一温度下操作，也可以在变化的温度下完成。糖化休止是指糖化结束时快速升高温度以使所有酶失活的过程。

接种

将酵母添加到麦汁中。

添加二次发酵糖

在啤酒装瓶之前，往麦汁中加糖（或麦芽提取物，个别时候也会加入酵母），辅助啤酒自行产生二氧化碳。

倒桶

将麦汁从一个容器转移到另一个容器中，通常是从一个发酵罐转移到另一个发酵罐。

残渣

煮沸桶和发酵桶底部的沉淀，主要是酒花、蛋白质和死酵母细胞。

回旋沉淀

酿酒师高速回旋搅拌煮沸结束的麦汁，使沉淀物堆积在中间。有时候也会在这个阶段进行"回旋沉淀投酒花"。

麦汁

糖化后桶中得到的甜水，其中溶解了可发酵糖。